浙江省普通高校"十三五"新形态教材

BIM 系 列 新 形 态 教 材

BIM

建模之土建建模

主　编　付敏娥

副主编　李　俊

主　审　宁先平

U0276932

BIM OF CIVIL ENGINEERING

ZHEJIANG UNIVERSITY PRESS
浙江大学出版社

图书在版编目(CIP)数据

BIM 建模之土建建模 / 付敏娥主编. —杭州:浙江大学出版社,2018.8(2021.8 重印)
ISBN 978-7-308-18559-2

Ⅰ.①B… Ⅱ.①付… Ⅲ.①土木工程－建筑设计－计算机辅助设计－应用软件 Ⅳ.①TU201.4

中国版本图书馆 CIP 数据核字(2018)第 191709 号

BIM 建模之土建建模

付敏娥　主编

责任编辑	王　波
责任校对	吴昌雷　李　晓　朱若琳
封面设计	春天书装
出版发行	浙江大学出版社
	(杭州市天目山路 148 号　邮政编码 310007)
	(网址:http://www.zjupress.com)
排　版	浙江时代出版服务有限公司
印　刷	浙江省邮电印刷股份有限公司
开　本	787mm×1092mm　1/16
印　张	12
字　数	292 千
版印次	2018 年 8 月第 1 版　2021 年 8 月第 2 次印刷
书　号	ISBN 978-7-308-18559-2
定　价	32.00 元

序

建筑业是国民经济的支柱产业,其科技发展有两条主线:一条是转型经济引发的绿色发展,核心是抓好低碳建筑;另一条是数字经济引发的数字科技,其基础是 BIM(Building Information Modeling,建筑信息化模型)技术。BIM 技术是我国数字建筑业的发展基础,从 2011 年开始至今,住房和城乡建设部每年均强力发文,对 BIM 技术的应用提出了明确要求。这些要求体现了从"提倡应用"到相关项目"必须应用",从"设计、施工应用"到工程项目"全生命周期应用",从全生命周期各阶段"单独应用"到"集成应用",从"BIM 技术单独应用"到提倡"BIM 与大数据、智能化、移动通信、云计算、物联网等信息技术集成应用"的递进上升过程。然而与密集出台的政策不匹配的是,BIM 人才短缺严重制约了 BIM 技术应用的推行。《中国建设行业施工 BIM 应用分析报告(2017)》显示,在"实施 BIM 中遇到的阻碍因素"中,缺乏 BIM 人才占 63.3%,远高于其他因素,BIM 人才短缺成为企业目前应用 BIM 技术首先要解决的问题。

浙江广厦建设职业技术学院与国内以"建造 BIM 领航者"为己任的上海鲁班软件股份有限公司合作,创立了企业冠名的"鲁班学院",专注培养 BIM 技术应用紧缺人才。以 BIM 人才培养为契机,校企顺势而为,在鲁班学院教学试用的基础上,联合编写了浙江省"十三五"BIM 系列新形态教材。该系列教材有以下特点:

1. 立足 BIM 技术应用人才培养目标,编写一体化、项目化教材。在 BIM 土建、钢筋、安装、钢结构 4 门 BIM 建模课程及 1 门 BIM 综合应用课程开发的基础上,重点围绕同一实际工程项目,编写了 4 本 BIM 建模和 1 本 BIM 用模共 5 本 BIM 项目化系列教材。该系列教材既遵循了 BIM 学习者的认知规律,循序渐进地培养 BIM 技术应用者,又改变了市场上或以 BIM 软件命令介绍为主,或以 BIM 知识点为内容框架,或以单个工程项目为编写背景的割裂孤立的现状,具有系统性和逻辑连贯性。

2. 引领 BIM 教材形态创新,助力教育教学模式改革。在对 5 门 BIM 项目化课程进行任务拆分的基础上,以任务为单元,通过移动互联网技术,以嵌入二维码的纸质教材为载体,嵌入视频、在线练习、在线作业、在线测试、拓展资源等数字资源,既可满足学习者全方位的个性化移动学习需要,又为师生开展线上线下混合教学、翻转课堂等课堂教学创新奠定了基础,助力"移动互联"教育教学模式改革的同时,创新形成了以任务为单元的 BIM 新形态教材。

3. 校企合作编写,助推 BIM 技术的落地应用。对接 BIM 实际工作需要,围绕 BIM 人才培养目标,突出适用、实用和应用原则,校企精选精兵强将共同研讨制订教材大纲及教材编写标准,双方按既定的任务完成了编写,满足 BIM 学习者和应用者的实际使用需求,能够有效地助推 BIM 技术的落地应用。

4.教材以云技术为核心的平台化应用,实现优质资源开放共享。教材依托云技术支持下的浙江大学出版社"立方书"平台、浙江省高等学校在线开放课程共享平台、鲁班大学平台等网络平台,具有开放性和实践性,为师生、行业、企业等人员自主学习提供了更多的机会,充分体现"互联网+教育",实现优质资源的开放共享。

习近平总书记在 2017 年 12 月 8 日的中共中央政治局会议上强调指出,要实施国家大数据战略,加快建设数字中国。BIM 技术作为建筑产业数字化转型、实现数字建筑及数字建筑业的重要基础支撑,必将推动中国建筑业进入智慧建造时代。浙江广厦建设职业技术学院与上海鲁班软件股份有限公司深度合作,借 BIM 技术应用之"势",编写本套 BIM 系列新形态教材,希望能成为高职高专土木建筑类专业师生教与学的好帮手,成为建筑行业企业专业人士 BIM 技术应用学习的基础用书。由于能力和水平所限,本系列教材还有很多不足之处,热忱欢迎各界朋友提出宝贵意见。

浙江广厦建设职业技术学院鲁班学院常务副院长

宁先平

2018 年 6 月

前　言

　　《BIM建模之土建建模》是依托浙江广厦建设职业技术学院与上海鲁班软件股份有限公司合作创办的鲁班学院，以BIM技术应用人才培养为目标，在校企合作开发BIM土建建模课程的基础上校企联合编写而成。本教材是浙江省"十三五"新形态教材项目的BIM项目化系列教材之一。

　　本教材以A办公楼实际工程项目为载体，以鲁班土建建模工作过程为导向，对该项目进行任务分解，分解为14个任务及51个子任务，以子任务为单元，通过移动互联网技术，在纸质文本上嵌入二维码，链接建模操作视频、在线测试等数字资源，力求打造教材即课堂的教学模式。

　　本教材编写体例是：以"任务导入"引入新课，使学生明确学习任务和目的；"任务实施"力求教会学生建模的操作流程、方法及技巧；操作微视频为学生课下自主学习、课上实现"翻转"奠定基础；"特别提示"用于提醒疑难点；"命令详解"弥补了本教材针对A办公楼的局限性，增强了教材的普适性；"在线测试"可检验学生的图纸识读能力及建模能力；"能力拓展"对应全国BIM一级等级考试的主要内容，可为学有余力的同学奠定考证的基础。

　　本教材由付敏娥担任主编，李俊担任副主编，宁先平担任主审。具体分工如下：任务2、8、11由浙江广厦建设职业技术学院付敏娥编写；任务1、13、14由上海鲁班软件股份有限公司李俊编写；任务3、7、9由浙江广厦建设职业技术学院李林编写；任务5、6由浙江广厦建设职业技术学院周祥龙编写；任务4由浙江广厦建设职业技术学院张成编写；任务10、12由宁夏建设职业技术学院赵巍，中天建设集团有限公司蒋信伟、王向荣编写；A办公楼实际工程项目图纸由上海鲁班软件股份有限公司张洪军提供。

　　本教材可作为高职高专土木建筑类专业学生的教材和教学参考书，也可作为建设类行业企业相关技术人员的学习用书。

　　由于编者水平有限，书中难免存在不足之处，敬请读者批评指正，以利于再版时修改完善。

编　者

2018年6月

目　录

任务 1　初识鲁班土建 BIM 建模

1.1　土建 BIM 建模软件安装与运行

视频 1.1

1.鲁班土建 BIM 建模软件安装

在安装鲁班土建 BIM 建模软件之前,要确认计算机上已安装有 AutoCAD 2006 或者 AutoCAD 2012,并且能够正常运行。

登陆鲁班软件官网,进入鲁班土建 BIM 建模软件下载界面,下载最新版本软件完整包, 如图 1.1.1 所示[①]。

鲁班算量产品版本（共51个）

鲁班土建	鲁班钢筋	鲁班安装	鲁班下料	鲁班造价	鲁班钢构	鲁班总体	鲁班软件大全
V28.3.0-V28.4.0_32位（升级包）				2017-11-15	升级说明	27	533
V28.3.0-V28.4.0_64位（升级包）				2017-11-15	升级说明	32	1095
V28.0.0-V28.3.0_32位（升级包）				2017-09-07	升级说明	168	7237
V28.0.0-V28.3.0_64位（升级包）				2017-09-07	升级说明	240	12711
V28.1.0-V28.3.0_32位（升级包）				2017-09-07	升级说明	168	991
V28.1.0-V28.3.0_64位（升级包）				2017-09-07	升级说明	240	1729
V28.2.0-V28.3.0_32位（升级包）				2017-09-07	升级说明	34	1037
V28.2.0-V28.3.0_64位（升级包）				2017-09-07	升级说明	42	1582
V28.0.0-V28.2.0_32位（升级包）				2017-06-01	升级说明	168	25388
V28.0.0-V28.2.0_64位（升级包）				2017-06-01	升级说明	239	18970
V28.0.0-V28.1.0_32位（升级包）				2017-03-23	升级说明	39	8356
V28.0.0-V28.1.0_64位（升级包）				2017-03-23	升级说明	47	14734
V28.0.0_32位（完整包）				2017-01-10	升级说明	284	54331
V28.0.0_64位（完整包）				2017-01-10	升级说明	401	164634

图 1.1.1　软件下载界面

---

① 注:软件版本更新较快,本书以鲁班土建 BIM 建模软件 2017 版为例说明。

运行鲁班土建 BIM 建模软件完整包,首先出现安装提示框,如图 1.1.2 所示。

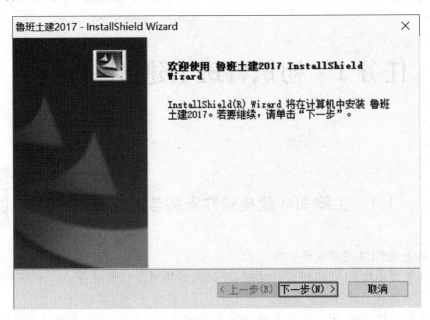

图 1.1.2　安装提示

点击"下一步",出现许可证协议对话框,如图 1.1.3 所示。

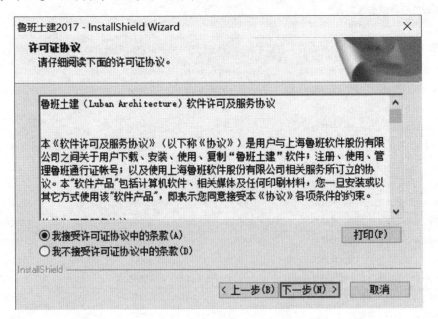

图 1.1.3　许可证协议对话框

选择"我接受许可证协议中的条款",并点击"下一步",出现安装路径选择对话框,如图 1.1.4 所示。

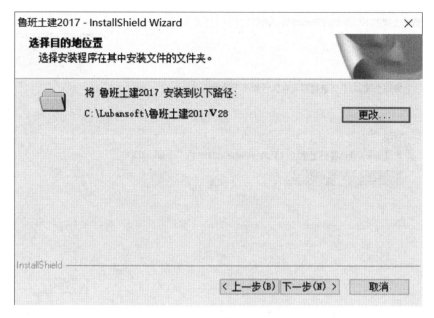

图 1.1.4　安装路径选择

默认安装路径为"C:\Lubansoft",如果需要将软件安装到其他路径,请点击"更改",设置好安装路径后,点击"下一步",出现安装提示对话框,如图 1.1.5 所示。

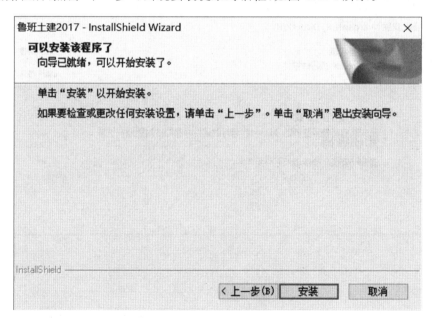

图 1.1.5　安装提示

点击"安装",软件进入安装状态,如图 1.1.6 所示。

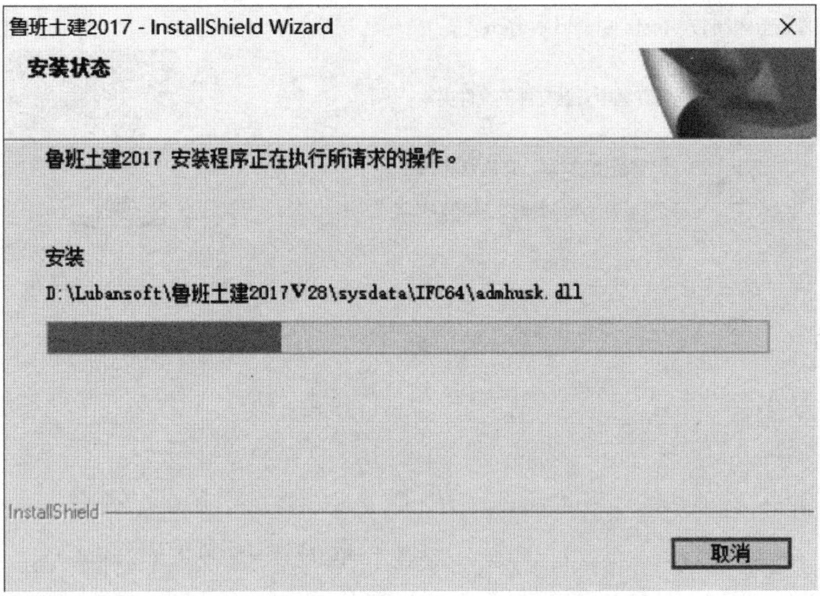

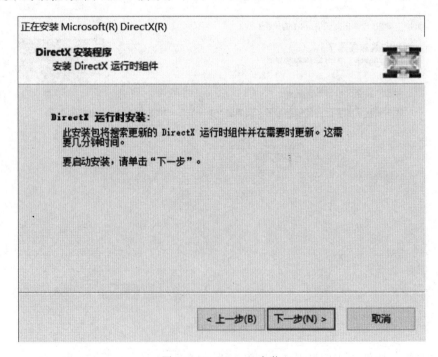

图 1.1.6　安装状态

　　过程中出现"Microsoft DirectX"安装对话框,选择"我接受此协议"。点击"下一步",出现安装提示对话框,如图 1.1.7 所示。

图 1.1.7　DirectX 安装

　　"Microsoft DirectX"安装完成后,出现安装完成对话框,如图 1.1.8 所示。

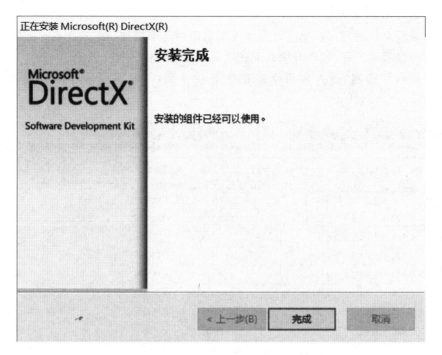

图 1.1.8　DirectX 安装完成

点击"完成",出现鲁班土建软件安装完毕对话框,如图 1.1.9 所示。

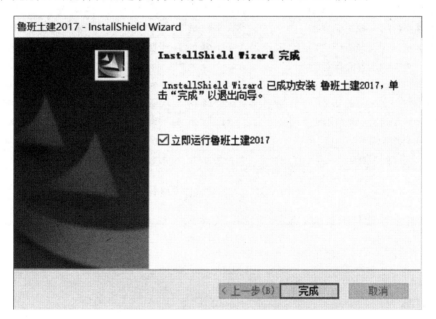

图 1.1.9　鲁班土建软件安装完成

点击"完成",鲁班土建软件安装完毕。

2.鲁班土建 BIM 建模软件升级

软件升级是对软件程序功能进行完善或根据市场需求增加新的功能点。低版本软件升级后才能打开高版本工程,软件升级必须在已安装完整包的基础上进行。

登录鲁班软件官网,进入鲁班土建软件下载界面,下载最新版本软件升级包,如图1.1.10 所示。

鲁班算量产品版本 (共51个)							
鲁班土建	鲁班钢筋	鲁班安装	鲁班下料	鲁班造价	鲁班钢构	鲁班总体	鲁班软件大全
V28.0.0-V28.4.0_32位(升级包)				2017-11-15	升级说明	168	9259
V28.0.0-V28.4.0_64位(升级包)				2017-11-15	升级说明	240	18359
V28.1.0-V28.4.0_32位(升级包)				2017-11-15	升级说明	168	819
V28.1.0-V28.4.0_64位(升级包)				2017-11-15	升级说明	240	1833
V28.2.0-V28.4.0_32位(升级包)				2017-11-15	升级说明	38	566
V28.2.0-V28.4.0_64位(升级包)				2017-11-15	升级说明	50	768
V28.3.0-V28.4.0_32位(升级包)				2017-11-15	升级说明	27	533
V28.3.0-V28.4.0_64位(升级包)				2017-11-15	升级说明	32	1095
V28.0.0-V28.3.0_32位(升级包)				2017-09-07	升级说明	168	7237
V28.0.0-V28.3.0_64位(升级包)				2017-09-07	升级说明	240	12711
V28.1.0-V28.3.0_32位(升级包)				2017-09-07	升级说明	168	991
V28.1.0-V28.3.0_64位(升级包)				2017-09-07	升级说明	240	1729
V28.2.0-V28.3.0_32位(升级包)				2017-09-07	升级说明	34	1037
V28.2.0-V28.3.0_64位(升级包)				2017-09-07	升级说明	42	1582
V28.0.0-V28.2.0_32位(升级包)				2017-06-01	升级说明	168	25388
V28.0.0-V28.2.0_64位(升级包)				2017-06-01	升级说明	239	18970
V28.0.0-V28.1.0_32位(升级包)				2017-03-23	升级说明	39	8356
V28.0.0-V28.1.0_64位(升级包)				2017-03-23	升级说明	47	14734
V28.0.0_32位(完整包)				2017-01-10	升级说明	284	54331
V28.0.0_64位(完整包)				2017-01-10	升级说明	401	164634

图 1.1.10 下载软件升级包

运行鲁班土建软件升级包,点击"安装",软件进入安装状态,如图 1.1.11 所示。

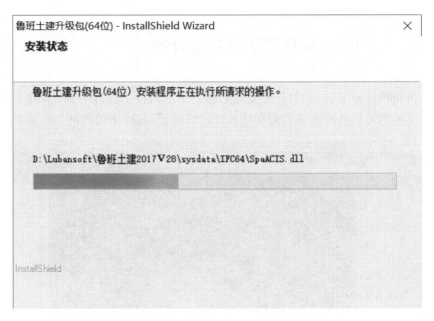

图 1.1.11　安装升级包

升级程序安装完成后对话框退出,完成软件升级。

3.鲁班土建 BIM 建模软件运行

双击桌面"鲁班土建"图标,启动软件。首次使用需要输入"鲁班通行证"账号和密码,然后进入工程操作界面,如图 1.1.12 所示。

图 1.1.12　工程操作界面

选择"新建工程"或"打开工程",进入建模操作界面。

1.2 软件界面及功能介绍

在正式进行图形输入前,我们有必要先熟悉一下本软件的操作界面,如图 1.2.1 所示。使用软件一定要熟悉软件的操作界面和功能按钮的位置,这样才能提高工作效率。

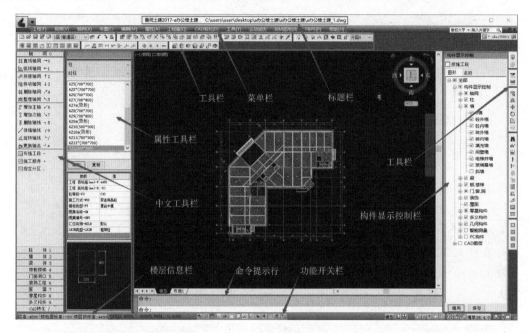

图 1.2.1 软件操作界面

1. 鲁班土建 BIM 建模软件操作界面

(1)标题栏:标题栏显示软件的名称、版本号、当前的楼层号、当前操作的平面图名称。

(2)菜单栏:菜单栏是 Windows 应用程序标准的菜单形式,包括【工程】【视图】【轴网】【布置】【编辑】【属性】【工程量】【CAD 转化】【工具】【云功能】【BIM 应用】【PBPS】【帮助】。

(3)工具栏:利用形象而又直观的图标形式,让用户只需单击相应的图标就可以执行相应的操作,从而提高绘图效率。

(4)属性工具栏:在此界面上可以直接复制、增加构件,并修改构件的各个属性,如标高、断面尺寸、砼的等级等。

(5)中文工具栏:中文命令与工具栏中的图标命令作用一致,用中文显示出来,更便于用户操作。例如左键点击"轴网",会出现所有与轴网有关的命令。

(6)命令提示行:屏幕下端的文本窗口。它包括两部分:第一部分是命令行,用于接收从键盘输入的命令和命令参数,显示命令运行状态,CAD 中的绝大部分命令均可在此输入,如画线等;第二部分是命令历史记录,记录着曾经执行的命令和运行情况,它可以通过滚动条上下滚动,以显示更多的历史记录。

技巧:如果命令提示行显示的命令执行结果行数过多,可以通过 F2 功能键激活命令文本窗口,来帮助用户查找更多的信息。再次按 F2 功能键,命令文本窗口即消失。

(7)状态栏:在执行"构件名称""构件删除"等命令时,状态栏中的坐标变为如下状态:

已选489个构件<-<-增加<按TAB键切换(增加/移除)状态;按S键选择相同名称的构件;按F键使用过滤器>

提示:按 TAB 键,在增加与移除间切换;按 S 键,可以选择相同名称的构件;按 F 键,启用过滤器。

(8)功能开关栏:在图形绘制与编辑时,状态栏显示光标处的三维坐标和代表"捕捉""正交"等功能的开关按钮。按钮暗色显示表示开关已打开,正在执行该命令,按钮亮色显示表示开关已关闭,退出该命令。

2.常用工具栏调出

点击工具栏"CAD 界面切换"按钮 ![icon],可在 CAD 软件与鲁班土建软件界面间切换。

工具栏:鼠标放在工具栏位置,单击右键,在需要的工具项前勾选,如图 1.2.2 所示,对应工具即在工具栏显示。

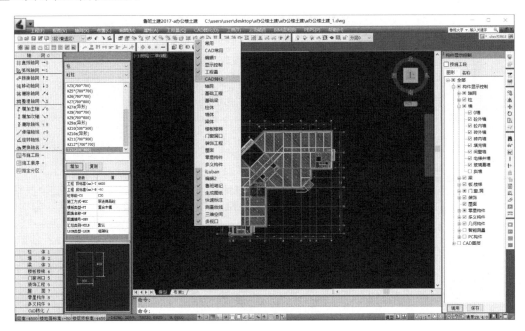

图 1.2.2 工具项选择

中文工具栏:【工具】菜单→鲁班工具条→勾选"显示中文工具栏",如图 1.2.3 所示。

属性工具栏:【工具】菜单→鲁班工具条→勾选"显示属性工具栏",如图 1.2.3 所示。

构件显示控制栏:点击工具栏"构件显示"按钮 ![icon],可关闭或打开"构件显示"工具栏。

命令提示行:"Ctrl+9"快捷键。

功能开关栏:鼠标左键单击可打开或关闭功能开关。鼠标右键单击功能开关可对其进行设置,如点击"对象捕捉"功能开关,从弹出选项左击"设置",出现"草图设置"对话框,切换到相应选项卡进行详细设置,如图 1.2.4 所示。

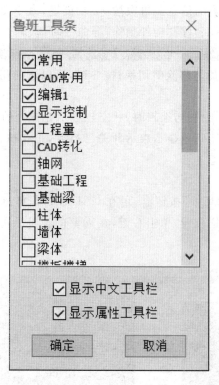

图 1.2.3　鲁班工具条

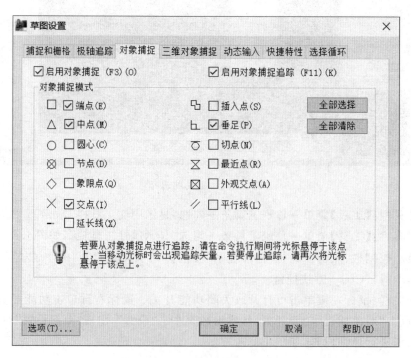

图 1.2.4　草图设置

1.3 建模流程

鲁班土建 BIM 建模流程如图 1.3.1 所示。

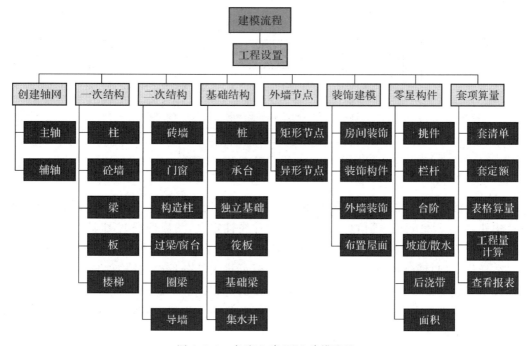

图 1.3.1 鲁班土建 BIM 建模流程

1.工程设置

工程设置是软件操作的准备工作,用来完成工程关键信息的设置。工程设置的内容包括:

(1)工程信息概况:如工程名称、工程地点、结构类型、建筑规模等信息。

(2)选择算量模式:如清单模式、定额模式,该工程所需要套用的清单、定额库以及清单、定额的计算规则信息。

(3)楼层信息设置:如工程的楼层标高、标准层设置、室外设计地坪标高、自然地坪标高、地下水位等信息。

(4)材质设置:工程中大宗材料材质等级设置,如砌体、混凝土、土方等。

(5)标高设置:工程中的两种相对标高(楼层标高和工程标高)设置。

2.工程建模

工程建模是鲁班土建 BIM 建模软件操作的核心阶段,该阶段既要完成对构件的属性定义和布置,也要按照工程具体情况套用合适的清单、定额项目,为后期 BIM 用模提供模型支持。这个过程耗用时间较长,需要通盘考虑整个工作流程。所以依据所提供的图纸等信息资源,选择合适的建模方式尤为重要。工程建模有三种方式:手工建模、CAD 转化建模和通过上游三维模型导入。鲁班土建 BIM 软件的建模方式如图 1.3.2 所示。

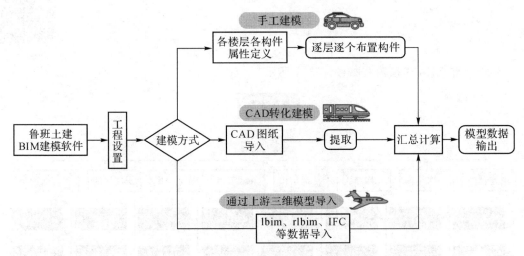

图 1.3.2　建模方式

手工建模一般适用于只有蓝图而没有电子图的情况。通过读图、识图,掌握建筑类型,熟悉构件名称、尺寸、标高等信息,手动完成构件属性定义,然后依据蓝图逐个完成各楼层、各构件的布置,花费时间较长,但是在绘制的过程中对于图纸各个细部节点认识清晰。

在具备 CAD 图纸的条件下,CAD 转换建模可将图纸分批次、分构件导入软件中,通过识别技术完成将二维文字、线条转化为三维实体的过程。这种建模方式可大量节省各类构件属性定义及重复布置的过程,效率高,定位方便,且不易出错;同时,也可将图纸中表格数据直接提取到软件中,生成对应构件的属性。

通过上游三维模型导入可将做好的钢筋 BIM 模型或上游设计单位建立好的 Revit、Tekla、Rhino 等模型导入到土建 BIM 建模软件中,lbim、rlbim、IFC 等数据导入可以实现全专业的数据互导,自动生成构件三维信息,工作效率高、协同性好,更利于 BIM 模型的精细化建立。

3. 汇总计算和报表输出

汇总计算是按照图纸内容和项目特征,将工程模型中的各个构件分别套取相对应的清单、定额,然后由软件自动根据所选择的计算规则,计算构件之间的扣减关系,来获得工程量。电子表格能够用以统计分析,并可根据需要按照楼层、构件类型、清单定额等形式汇总和提供计算公式,方便反查对账,可以将模型输出到造价软件中,使得算量、造价联系更加紧密,造价更加准确。

在后续的内容中,从任务 2 到任务 11 将会结合 A 办公楼工程对手工建模进行详尽的讲解,而在任务 12 中对采用 CAD 转化方式快速建模的技巧进行补充。

任务 2　建模准备

【学习目标】

1. 能正确选择工程的保存路径；

2. 能正确选择和区分算量模式；

3. 能正确定义楼层、设置室内外高差以及各类构件的材质；

4. 能区分工程标高和楼层标高；

5. 能按照图纸定义轴网。

【任务导入】

本工程为上海某厂项目 A 办公楼，该工程为地上 5 层、地下 1 层的办公楼工程，建筑高度为 22m，总建筑面积为 5795m²，结构类型为框架结构，基础类型为桩基承台，建筑层高和轴网参见施工图①；本工程设计标高正负零相当于绝对标高 4.5m，建筑室内外高差为 300mm。

【任务实施】

2.1　工程设置

视频 2.1

1. 新建工程

（1）双击鲁班土建软件图标启动软件，进入如图 2.1.1 所示界面，若是已做工程可选择"打开工程"，若是新做工程可选择"新建工程"，鼠标左键单击即可。

---

① 全书建筑施工图和结构施工图可由书后二维码下载。

图 2.1.1 工程操作界面

本书以上海某厂项目 A 办公楼为例讲解手工建模，点击"新建工程"，进入如图 2.1.2 所示界面。选择工程需要保存的位置，输入保存的工程名称，点击"保存"即可，在保存路径下就会生成工程的文件包。

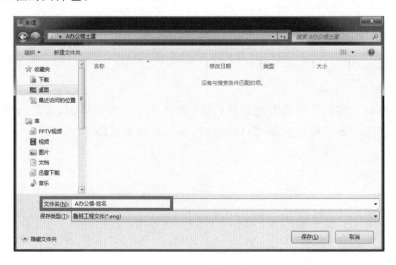

图 2.1.2 新建工程

特别提示

(1)项目较大的工程,一般由多人合作完成建模,需进行模型合并,故需要在文件名中增加姓名来区别。

(2)新建工程名不可以含有"\ / ∶ * ?"＜＞ ｜ ;"等字符。

2.用户模板

文件保存后会弹出"用户模板"界面,如图 2.1.3 所示。用户模板的功能是可以方便调用已建工程的构件属性,加快建模速度。若新建工程或无模板,"列表"中为"软件默认属性模板",单击"确定",完成用户模板选择。

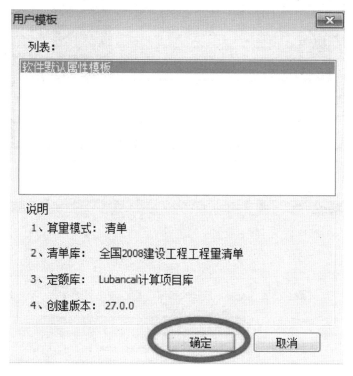

图 2.1.3 用户模板

3.工程概况

选择用户模板后,软件会自动弹出"工程概况"界面,该界面显示新建工程的工程信息,如图 2.1.4 所示,根据实际工程情况添加相应信息。完成后单击"下一步"。

4.算量模式

工程概况完成后,软件会自动弹出"算量模式"界面,如图 2.1.5 所示,根据实际工程需要选择"清单"或者"定额"模式。本工程选择清单计价模式。

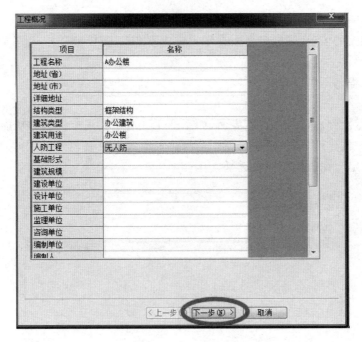

图 2.1.4　工程概况

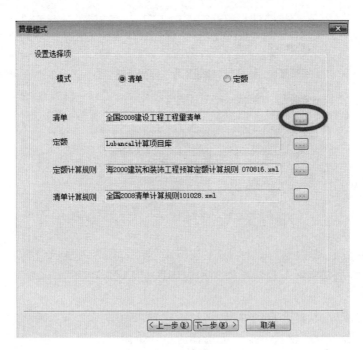

图 2.1.5　算量模式选择

选择"清单"时,点击旁边的 □ 按钮,弹出"清单库",点击"更多库",下载需要的清单和清单计算规则,如图 2.1.6 所示,点击"确定",完成清单选择并单击"下一步"。

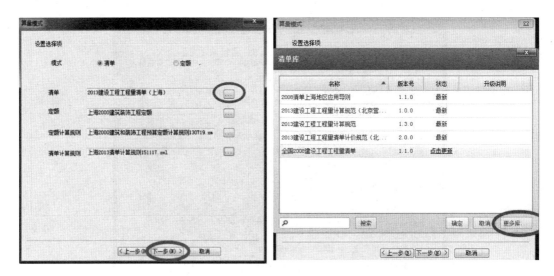

图 2.1.6 清单选择

特别提示

(1)清单与定额的区别:定额是一个消耗量的标准,也就是完成同一个项目社会的平均消耗量;清单是一种计价方法,它没有消耗量的标准,它规范了清单列项的标准,也就是统一了一个列项报价的标准,可提高报价的一致性,方便比较,同时清单计价是一个综合的报价方式,它可以包含一个定额,也可以包含多个定额在内。

(2)清单与定额如何合理选择:根据实际工程的需要选择符合地域要求的清单、定额库和清单、定额的相应计算规则。

5.楼层设置

(1)分析图纸

根据"结施-06AZ"图纸中"结构层楼面标高结构楼层"图,明确楼层底标高和层高,首层底标高为 −0.5,层高分别为地下 4.15m;地上 4.5m、4.2m、3.8m、3.8m、3.85m、2.1m、2.7m。

根据"建施-2A"图纸中建筑设计说明 3.2 条,正负零相当于绝对标高 4.5m,室内外高差为 300mm。

(2)楼层设置

算量模式完成后,软件会自动弹出"楼层设置"界面,如图 2.1.7 所示。

①"楼层设置"中黄色底色是不可修改的,白色底色可以修改,修改参数可联动修改黄色底色数据。

②"楼层名称"中"0"表示基础层,"1"表示地上 1 层,"2"表示地上 2 层,"−1"表示地下 1 层,"5,9"表示 5~9 层,5/7/9 表示 5、7、9 层,鼠标左键点击"增加"可添加楼层,点击"删除"可删除楼层。

③"层高"中,点击数字"3000"可将其改为需要的高度,本工程层高根据实际输入层高数据,基础层层高默认为"0",不做修改;"楼层性质"根据实际情况选择;"楼地面标高"首层为"−50"。

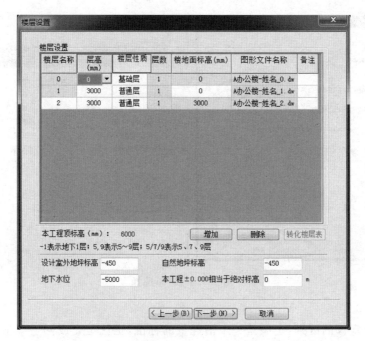

图 2.1.7　楼层设置

④"设计室外地坪标高"和"自然地坪标高"会影响主室外装饰与土方的计算结果,根据图纸实际填写。操作完数据如图 2.1.8 所示,完成后单击"下一步"。

图 2.1.8　完成楼层设置

6.材质设置

(1)分析图纸

根据施工图中的"结施设计说明表 7.11 混凝土强度等级"和"表 7.3.1 填充墙材料",明确各层混凝土强度等级和填充材料,如表 2.1.1 和表 2.1.2 所示。

表 2.1.1　各层混凝土强度等级

项目	构件	混凝土等级	备注
通用项目	基础垫层	C15	
	基础底板	C35	P6
	后浇带	提高一级三维无收缩混凝土	P6
	砌体中的圈梁、构造柱、现浇过梁	C20	
主楼	墙、柱	C30	
	梁、板、楼梯	C30	

表 2.1.2　填充材料

部位用途	块材	块材强度等级	砂浆强度等级
外围护	粉煤灰蒸压砖	MU10	M10
内隔墙	加气混凝土砌块	A5.0	M7.5
地面以下或防潮层	水泥实心砖	MU15	MB15

(2)材质设置

"材质设置"可设置工程中构件材质,如 0 层"柱"的砼为 C30,点击相应构件,点击"C30"输入或选择"C25"即可,颜色变成红色表示非默认设置。本工程设置如图 2.1.9 所示,完成后单击"下一步"。

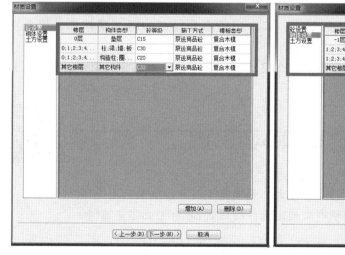
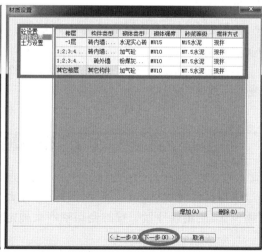

图 2.1.9　材质设置

(3)标高设置

材质设置完成后,软件进入"标高设置"界面,如图 2.1.10 所示,本工程全部设置为"按工程标高",点击"确定"结束"工程设置"。

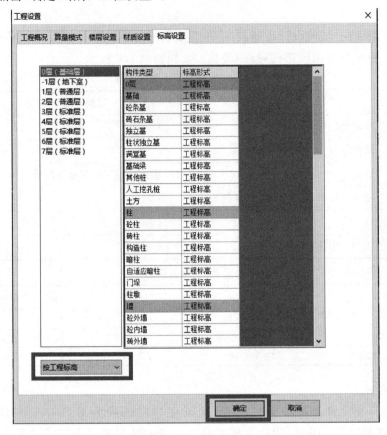

图 2.1.10 标高设置

特别提示

楼层标高:相对于本楼层地面的标高。如 2 层的窗台标高相对 2 层地面的高度为 900mm,900mm 为楼层标高。

工程标高:相对于首层地面的标高。如 2 层的窗台的顶标高为 3.9m,为相对于首层地面±0 的高度,故 3900mm 为工程标高。

2.2 布置轴网

视频 2.2

工程设置完成后,切换到"绘图输入"界面。现场施工时是用放线来定位建筑物位置,使用软件做工程时则用轴网来确定构件的位置,故首先要建立轴网。

1.分析图纸

建立轴网时选择柱平面布置图,根据"结施-07A"图纸,本工程主轴网为正交轴网,上下开间轴距不同,左右进深不同;辅轴网为正交网,上下开间轴距相同,左右进深相同。

2.轴网定义

(1)点左边的中文工具栏中"轴网"下的 ╫ **直线轴网**,弹出对话框如图 2.2.1 所示。

(2)根据图纸下开间的尺寸,输入"下开间"轴距,按回车依次输入 1500、7300、6524、7976、7800、3900、2700、6600;切换到"上开间",由于轴号不连续,故将"自动排轴号"的钩去掉,输入"上开间"轴距,按回车依次输入 8800、6524、7976、7800、6600、6600,并修改轴号;由于为正交轴网,旋转角度按照默认的"0"。

(3)输入完成上下开间后,切换到"左进深",按回车依次输入 3500、8200、8200、8376、6524、8800,并修改轴号;切换到"右进深",按回车依次输入 3500、8200、8200、4100、4276、6524、8800。

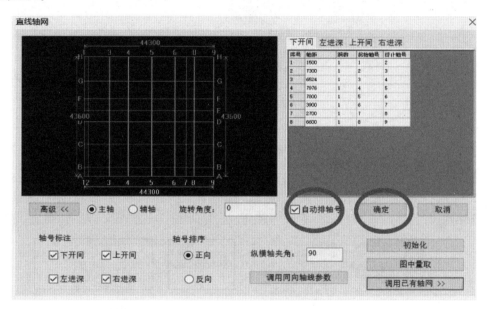

图 2.2.1 "直线轴网"对话框

3.轴网绘制

轴网定义完毕后,单击"确定"切换到绘图界面,绘图区显示轴网,轴网的位置在英文状态下输入"0,0"即可。

4.辅轴网定义与绘制

(1)由于开间、进深各自相同,输入"下开间"和"左进深"轴距和轴号,"高级"中调用同向轴线参数;本工程上开间和右进深未标注,故"上开间""右进深"轴号标注勾选取消;轴网顺时针旋转角度为 45°,逆时针为正值,顺时针为负值,故旋转角度输入"−45",如图 2.2.2 所示。

(2)单击"确定"切换到绘图界面,绘图区显示轴网,插入点为主轴轴号 F 和 1 的交点,确定即可。

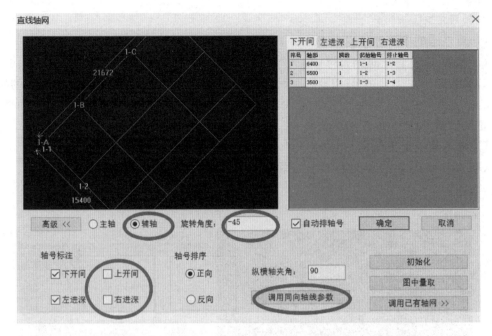

图 2.2.2 辅轴网定义与绘制

特别提示

(1)轴网绘制完成需要用"构件锁定"按钮锁定轴网,避免轴网被修改。点击 锁定轴网按钮,弹出如图 2.2.3 所示"构件锁定"对话框,勾选"轴网",单击"确定"即可。

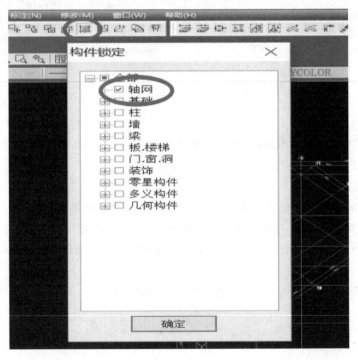

图 2.2.3 锁定轴网

(2)图 2.2.2 中将"自动排轴号"前面的钩去掉,软件将不会自动排列轴号名称,可以任意定义轴的名称,并支持输入特殊符号。

【在线测试】

在线测试

【任务训练】

完成 A 办公楼工程的工程设置和轴网建立。

【能力拓展】

某工程地上五层,层高 3.8m,层底标高−50mm,轴网如下图所示,根据下图完成轴网的设置。

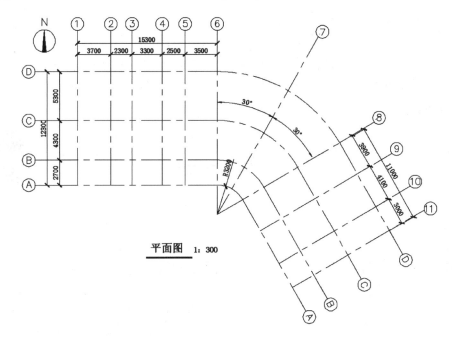

平面图 1:300

任务3 柱体建模

【学习目标】

1. 完成柱识图及属性定义；
2. 能根据图纸绘制本层柱图元；
3. 掌握异形柱、偏心柱在鲁班软件中的处理方法。

【任务导入】

本工程为上海某厂项目 A 办公楼，该工程为地上 5 层、地下 1 层的办公楼工程，建筑高度为 22m，总建筑面积为 5795m²，结构类型为框架结构，基础类型为桩基承台，柱布置图参见施工图，本工程中有两种类型的柱子。

【任务实施】

3.1 框架柱建模

视频 3.1

1. 矩形柱建模

（1）分析图纸

根据"结施-07A"图纸，识读"—0.05～4.45 柱配筋"图，根据图纸明确矩形柱有两种，即主轴上的正交偏心矩形柱和辅轴上相对主轴顺时针旋转 45°的矩形柱，分别为 KZ1、KZ2、KZ3、KZ4、KZ5、KZ6、KZ7、KZ8、KZ9、KZ10、KZ11，截面尺寸有 6 种，分别为 500mm×500mm、700mm×700mm、400mm×400mm、700mm×800mm、800mm×700mm、900mm×700mm。

（2）柱的属性定义

矩形柱 KZ1，在属性工具栏中下拉选择"柱"，"柱"下拉选择"砼柱"，鼠标左键双击"砼柱"，自动弹出属性定义界面，在截面预览区单击截面尺寸数字可更改截面尺寸，矩形柱的属性定义如图 3.1.1 所示，关闭界面。

图 3.1.1 矩形柱属性定义

（3）柱子布置

柱属性定义完毕后，单击左边中文工具栏柱下的"点击布柱"按钮，鼠标捕捉 A 轴和 2 轴的交点，直接单击鼠标左键即可完成 KZ1 的布置，如图 3.1.2 所示。

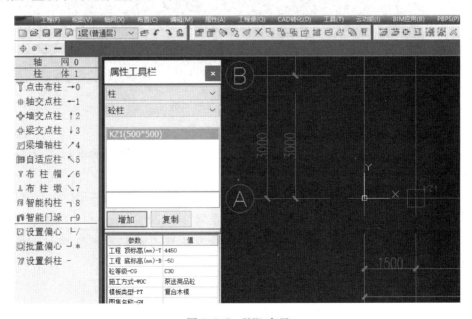

图 3.1.2 KZ1 布置

特别提示

其余的矩形柱均可在 KZ1 的基础上进行复制或更改属性定义，进而完成所有矩形柱的布置，如图 3.1.3 所示。

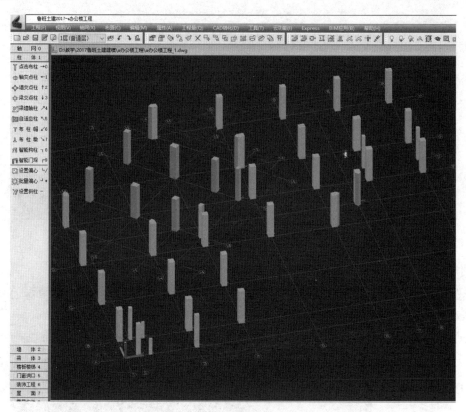

图 3.1.3　矩形柱布置完成

（4）偏心布置

偏心布置常用于柱的中心点不在轴线的交点处，A 轴和 2 轴上的 KZ1 并不是中心布置，而是 X 方向向右偏 400，Y 方向向上偏 400。

①点击左边中文工具栏中 **设置偏心** 图标，软件自动将绘制好的柱子标注上偏心尺寸。

②左键点击需要修改的标注 250，弹出"输入参数"输入框，在输入框中输入该位置标注的实际偏移标注"100"，点击"确定"即可，用同样方法确定垂直方向的偏心距离。如图 3.1.4 所示。

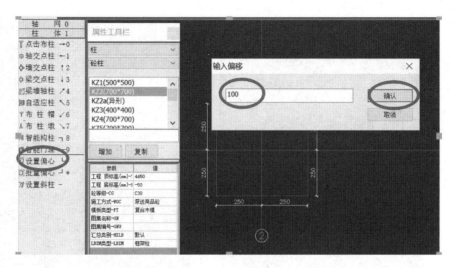

图 3.1.4　设置偏心

（5）旋转布置

在 1—1 轴和 1—B 轴的交点处 KZ5 与主轴夹角为 45°,点击布柱时弹出"偏心转角"对话框,在"转角"处输入 45,即可完成旋转,如图 3.1.5 所示。

图 3.1.5　旋转布置

2.异形柱建模

（1）属性定义

在矩形柱 KZ1 基础上"增加"KZ2a,双击截面预览,弹出"类型选择"对话框,在自定义下增加断面 KZ2a,鼠标单击绘制截面图标 绘制截面,如图 3.1.6 所示。黄色点为柱插入点,按住鼠标左键拖动黄色点可更改位置或通过输入数据精确更改插入点位置,如图 3.1.7 所示。

视频 3.2

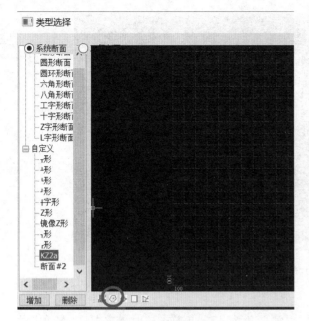

图 3.1.6　绘制截面　　　　　图 3.1.7　更改插入点位置

（2）柱子布置

点击左边中文工具栏中 ▼ **点击布柱** 图标，鼠标捕捉 1 轴和 F 轴的交点，直接单击鼠标左键即可完成 KZ2a 的布置，同时完成了柱的偏心布置，如图 3.1.8 所示。

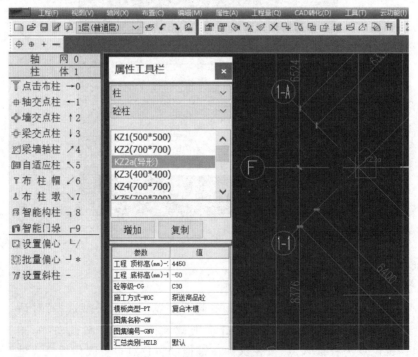

图 3.1.8　完成偏心布置

3.2　柱命令详解

1. 轴交点柱

（1）点击左边中文工具栏中 ⊞ **轴交点柱** 图标，柱子定义参见"属性定义—柱子"。命令行提示"请选择第一点"，点击确定第一点，命令行提示"请选择对角点"，再选择对角点以框选需要布置柱子的范围。

（2）在所框选范围内的所有轴线交点处自动布置上柱子，且柱子随该处轴线自动转角对齐布置，此方法布置的柱子如图 3.2.1 所示。

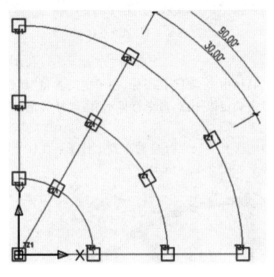

图 3.2.1　轴交点柱

2. 墙交点柱

（1）点击左边中文工具栏中 ✛ **墙交点柱** 图标，柱子定义参见"属性定义—柱子"。命令行提示"请选择第一点"，点击确定第一点，命令行提示"请选择对角点"，再选择对角点以框选需要布置柱子的范围。

（2）在所框选范围内的所有墙交点处自动布置上柱子，且柱子随该处墙体自动转角对齐布置，此方法布置的柱子如图 3.2.2 所示。

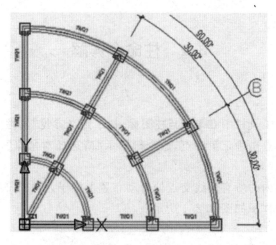

图 3.2.2　墙交点柱

3.梁交点柱

(1)点击左边中文工具栏中 ✛梁交点柱 图标,柱子定义参见"属性定义—柱子"。命令行提示"请选择第一点",点击确定第一点,命令行提示"请选择对角点",再选择对角点以框选需要布置柱子的范围。

(2)在所框选范围内的所有梁交点处自动布置上柱子,且柱子随该处梁体自动转角对齐布置,此方法布置的柱子如图 3.2.3 所示。

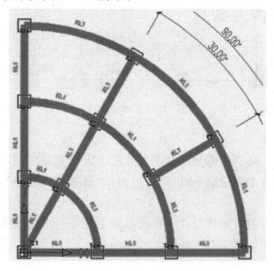

图 3.2.3　梁交点柱

4.梁墙轴柱

(1)点击左边中文工具栏中 ╱梁墙轴柱 图标,柱子定义参见"属性定义—柱子"。命令行提示"请选择柱子基点"。

(2)在图上选择需要布置柱子的插入点,点击插入柱子。在墙中线或梁中线或轴线上点选柱子基点,则柱子布置在墙中线或梁中线或轴线上(如有重合则优先级别:梁>墙>柱),

并且随该墙或梁或轴自动转角对齐布置;在非墙中线或梁中线或轴线上点选柱子基点,则柱子自动水平布置,此方法布置的柱子如图 3.2.4 所示。

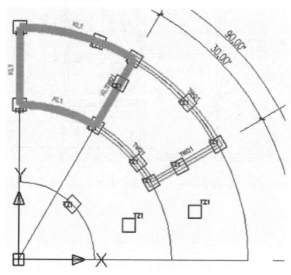

图 3.2.4 梁墙轴柱

5.布暗柱

(1)点击左边中文工具栏中 布暗柱 图标。

(2)在图中鼠标左键框选墙体的交点,选取暗柱的位置,最少要包含一个墙体交点,如图 3.2.5、图 3.2.6 所示。

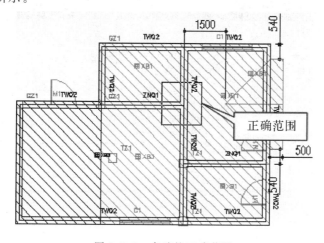

图 3.2.5 布暗柱正确范围

(3)被框中墙体有一段变虚,输入该墙上暗柱的长度,回车确认,再输入其余各段墙体上暗柱的长度,输入完成后回车确认。

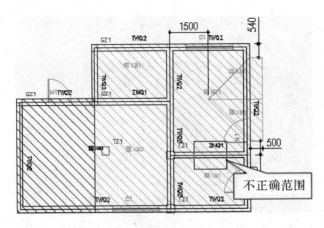

图 3.2.6　布暗柱不正确范围

特别提示

交点有多少段墙体,就连续有多少个此命令(重复(1)、(2)步骤,可以输入多个暗柱)。

6.智能构柱

(1)点击左边中文工具栏中 🔲 **智能构柱** 图标,弹出如图 3.2.7 所示的对话框。

(2)在属性设置中可以设置墙宽及构造柱的尺寸,并可以根据工程说明中构造柱的形成条件选择生成方式,点击 🔲 按钮,可以框选布置范围,点击"确定"后,软件会根据设置智能布置构造柱。当用生成范围框选部分构件时,可以利用 F 键使用过滤器,进行构件的二次筛选。

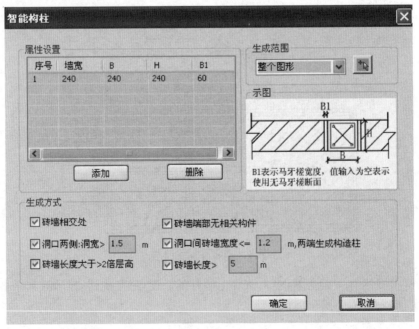

图 3.2.7　智能构柱

特别提示

智能构柱只支持砖墙的生成,不支持砼墙。

7. 批量偏心

点击左边中文工具栏中 批量偏心 图标,软件弹出"输入偏心参数"对话框,如图 3.2.8 所示。

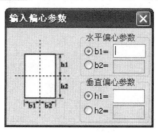

图 3.2.8 输入偏心参数

【在线测试】

在线测试

【任务训练】

完成 A 办公楼工程的 2 层柱的 BIM 土建建模。

【能力拓展】

某工程的柱截面信息如下表所示,根据下图完成 KZ1～KZ6 的属性定义并建模。

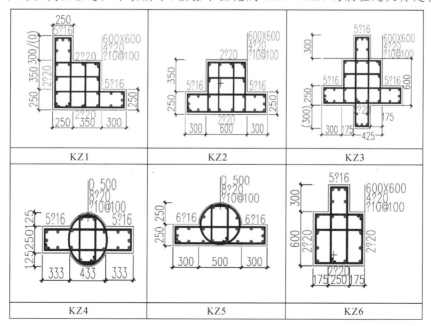

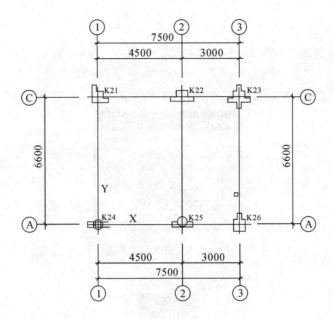

任务 4　梁体建模

【学习目标】

1. 完成框架梁识图及属性定义;
2. 能根据图纸绘制首层框架梁体的模型;
3. 掌握梁变截面及偏心和梁顶标高变化在鲁班软件中的处理方法。

【任务导入】

本工程为上海某厂项目 A 办公楼,该工程为地上 5 层、地下 1 层的办公楼工程,建筑高度为 22m,总建筑面积为 5795m²,结构类型为框架结构,基础类型为桩基承台,梁布置图参见施工图;本工程中有主梁和次梁两种类型的梁。

【任务实施】

4.1　框架梁建模

视频 4.1

1. 分析图纸

根据"结施-14"图纸,识读二层梁配筋图,根据图纸我们可以识读出 28 种主梁 KL1～KL28,15 种次梁 L1～L15,梁均为矩形梁,其中部分梁有变截面。

2. 框架梁的属性定义

以矩形梁 KL1 为例,在左侧属性工具栏中下拉选择"梁","梁"下拉选择"框架梁",鼠标左键双击"框架梁",自动弹出属性定义界面,在截面预览区单击截面尺寸数字可更改截面尺寸,KL1 的属性定义如图 4.1.1 所示,关闭属性定义界面。

以矩形梁 L1 为例,在左侧属性工具栏中下拉选择"梁","梁"下拉选择"次梁",鼠标左键双击"次梁",自动弹出属性定义界面,在截面预览区单击截面尺寸数字可更改截面尺寸,L1 的属性定义如图 4.1.2 所示,关闭属性定义界面。

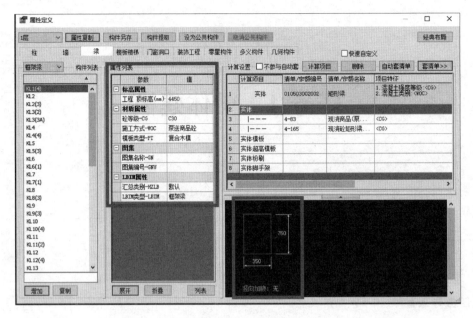

图 4.1.1　KL1 属性定义

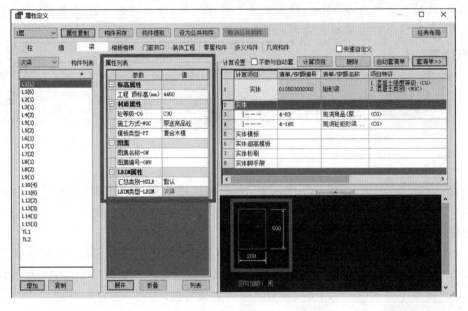

图 4.1.2　L1 属性定义

3. 框架梁布置

梁属性定义完毕后,点击左边中文工具栏中梁体下的"绘制梁"按钮图标。此时绘图区右下角会弹出一个对话框,如图 4.1.3 所示,鼠标放在对话框对应位置上的"左边、居中、右边"时,会提示相应的图例,如图 4.1.4 所示。KL1 为偏心梁,偏心距离上边 100mm,可以将左边宽度设置为 100mm,如图 4.1.5 所示,绘制框架梁,鼠标左键点击 KL1 的起点(H 轴和 4 轴的交点),一直到梁的终点(H 轴和 4 轴的交点),绘制完成后按 Esc 键退出。完成绘制后,此时布置好的框架梁为暗红色,表示处于无支座、无原位标注的未识别状态,如图 4.1.6 所示。点击左边中文工具栏中"识别支座"图标,左键点选或框选需要识别的梁,选中的梁体变虚,回车确认即可,识别后如图 4.1.7 所示。其余的主梁和次梁的绘制方法同 KL1。

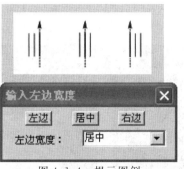

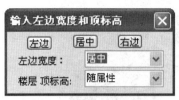

图 4.1.3 布置对话框

图 4.1.4 提示图例

图 4.1.5 输入左边宽度

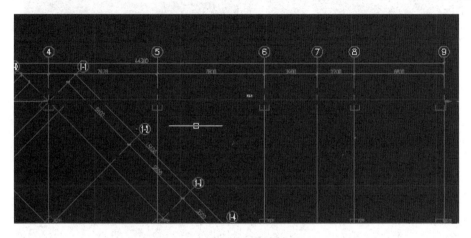

图 4.1.6 未识别状态的框架梁

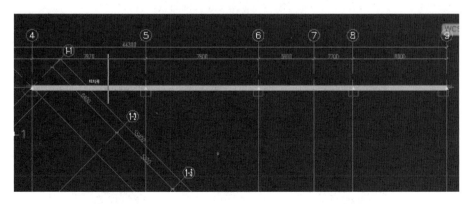

图 4.1.7 识别后的框架梁

4. 变截面和不同标高框架梁的处理

根据图纸所示,部分梁有变截面和梁顶标高的变化,下面以 KL9 和 L9 为例来具体讲解。KL9 位于 D 轴和 1-6 轴之间,根据图纸标注,1-4 轴之间的两跨梁截面尺寸由 300×750

变成 300×700。点击左边中文工具栏中"原位标注"图标,左键点击已经识别过支座的 KL9 名称,选中的梁体变虚,软件自动弹出属性对话框,如图 4.1.8 所示。鼠标左键点击"跨截面""跨偏移"和"跨标高"后面的三角标志,可修改梁相应的参数值,回车确认即可,修改后如图 4.1.9 所示。L9 集中标注显示标高比结构楼层标高大 0.050,可以通过原位标注中的跨标高来修改,如图 4.1.10 所示。最终梁绘制完成后如图 4.1.11 所示。

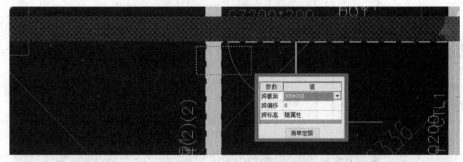

图 4.1.8　属性对话框

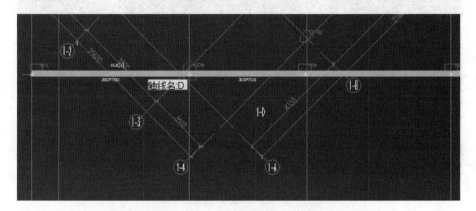

图 4.1.9　参数修改后的梁

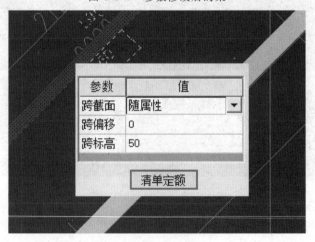

图 4.1.10　修改标高

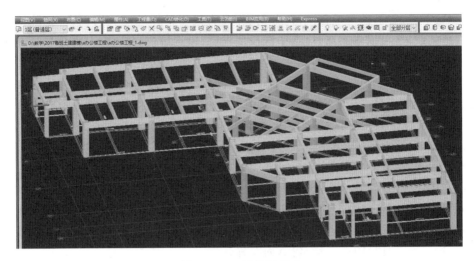

图 4.1.11　梁绘制完成

特别提示

修改梁顶标高的时候,如果是整根梁的标高都有变化,可以通过高度调整命令来进行修改。点击工具栏中 按钮,鼠标左键选择要调整高度的梁构件,点击鼠标右键自动弹出如图 4.1.12 所示对话框,将"高度随属性"前的钩去掉,输入调整后的楼层顶标高,点击"确定"即可,如图 4.1.13 所示。

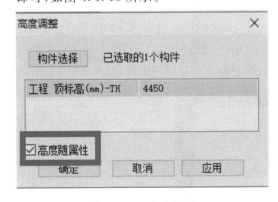

图 4.1.12　高度调整

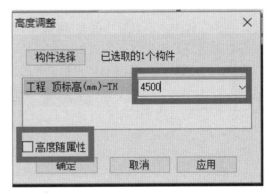

图 4.1.13　输入顶标高

4.2　梁命令详解

视频 4.2

1.轴网变梁

点击左边中文工具栏中 轴网变梁 图标,此命令适用于至少有纵横各两根轴线组成的轴网。

(1)正向框选或反向框选轴网,选中的轴线会变虚,选好后回车确认;在左边属性工具栏中选择梁名称。

（2）确定裁减区域（回车不裁减）。如需要，可直接用鼠标左键反向框选，剔除不需要形成梁的红色的线段，可以多次选择，选中线段变虚（如果选错，按住 Shift，再用鼠标左键反向框选错选的线），选择完毕回车确认。

2. 轴段变梁

点击左边中文工具栏中 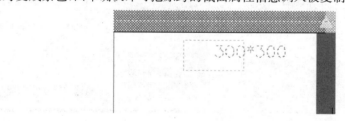轴段变梁图标，此命令适用于至少有纵横各两根轴线组成的轴网。在左边属性工具栏中选择梁名称，然后点选某一轴段，选中的轴线会变色，选好后回车确认。

3. 线段变梁

点击左边中文工具栏中 线段变梁图标。此命令就是将直线、弧线变成梁，这些线应该是事先使用 AutoCAD 命令绘制出来的。

（1）鼠标左键框选目标或点选目标，必须是直线或弧线，可以是一根或多根线，目标选择好后，在左边属性工具栏中选择梁名称，回车确认。

（2）命令不结束，重复（1）步骤，完毕后，回车退出命令。

技巧：使用这种方法要变成梁的线应该位于梁的中心上，这样就不用再偏移梁了。

4. 口式布梁

点击左边中文工具栏中 口式布梁图标，此命令适用于某一由轴线围成的封闭区域。在左边属性工具栏中选择梁名称，然后点击某一由轴线围成的封闭区域，围成这一区域的轴线变色，可继续点击其他区域，区域选择完毕后回车或右键确认。

5. 复制跨

点击左边中文工具栏中 复制跨图标，左键点选识别过支座的梁体，选中的梁体变虚，左键点选已经原位标注好的需要复制的跨，梁体变成紫色，如图 4.2.1 所示，点击需要被复制的跨，梁跨变成紫色，回车确认即可把原跨的截面属性信息调入被复制的梁跨，如图 4.2.2 所示。

图 4.2.1　选择需要复制的跨

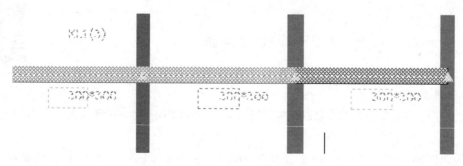

图 4.2.2　复制梁跨

6.应用同名

点击左边中文工具栏中 应用同名图标,左键点选已识别过支座的梁,选中的梁体变虚,并弹出"应用同名称梁"对话框,如图 4.2.3 所示。

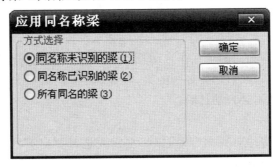

图 4.2.3 "应用同名称梁"对话框

(1)同名称未识别的梁

在对话框中选择"同名称未识别的梁",点击"确定"。图形中凡是和原梁名称相同且未识别的梁就会全部按照原梁的支座进行编辑,调入原梁跨的原位标注信息,如图 4.2.4 所示。

(2)同名称已识别的梁

在对话框中选择"同名称已识别的梁",则图形中凡是和原梁名称相同且已识别过的梁就会全部按照原梁的支座进行编辑,调入原梁跨的跨截面尺寸信息。

(3)所有同名的梁

在对话框中选择"所有同名的梁",则图形中凡是和原梁名称相同的梁,无论已识别或未识别的梁都会按照原梁支座重新编辑。

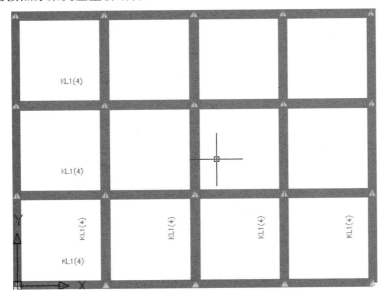

图 4.2.4 应用"同名称未识别的梁"

7.设置拱梁

点击左边中文工具栏中 设置拱梁图标,鼠标左键选取需要进行拱形设置的梁,在命令行中有"输入拱高"的提示,输入想设置的拱高,回车确认。

提示:拱高应小于或等于梁长的一半,识别过支座的多跨梁打断后才能设置拱梁。

8.区域断梁

此命令可以将区域内相交的梁互相自动打断,左键点击 区域断梁图标,命令行提示"请选择要打断的梁",框选或点选要打断的梁,右键确定,选择的相交的梁互相自动打断。

注意:不相交的梁体不会自动打断。

9.构件对齐

点击上部工具栏中构件对齐命令 ,鼠标左键先选择要对齐的基准线,然后鼠标左键再选择需要对齐的构件的边线即可。

【在线测试】

在线测试

【任务训练】

完成 A 办公楼工程的 2 层框架梁的 BIM 建模。

【能力拓展】

某工程的框架梁配筋图如下图所示,完成其 BIM 建模。

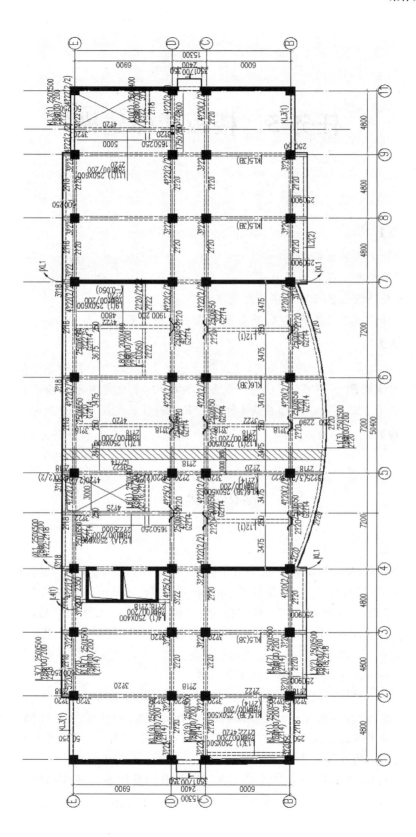

任务 5　楼板楼梯建模

【学习目标】

1. 完成板识图及属性定义；
2. 能根据图纸绘制各层板图元；
3. 掌握楼板下沉在鲁班软件中的处理方法；
4. 完成楼梯识图以及属性定义，掌握鲁班软件楼梯布置的方法。

【任务导入】

本工程为上海某厂项目 A 办公楼，该工程为地上 5 层、地下 1 层的办公楼工程，建筑高度为 22m，总建筑面积为 5795m²，结构类型为框架结构，基础类型为桩基承台，板布置图参见施工图；本工程中二层及以上楼层 3-4 轴和 C-F 轴的区域处阴影部分板标高降低 20mm。

【任务实施】

5.1　楼板建模

视频 5.1

1. 分析图纸

根据"结施-22A"图纸，识读二层平面结构布置图，根据图纸明确一层的楼板的板顶标高为 4.450mm，厚度有两种类型，即板厚 150mm 和板厚 120mm，1-3 轴与 F-G 轴、3-4 轴与 G-H 轴以及 4-5 轴与 G-H 轴之间区域的板为 150mm 厚，其余未注明区域厚度见图纸中板说明均为 120mm 厚，卫生间和拖把室区域即阴影面积部分板面标高降低 20mm，防止水的倒灌而设置高差。在本层楼板中有三类留板洞的位置，第一类为电梯井和楼梯的位置 4 个，第二类为强弱电和管道井 3 个，第三类为跃层处。

根据"结施-21A"图纸，识读一层平面结构布置图，根据图纸明确地下一层的楼板的板顶标高为 −0.050mm，厚度有一种类型即板厚 180mm，位于 6-9 轴与 F-H 轴之间。在本层楼板中有三类留板洞的位置，第一类为电梯井和楼梯的位置 2 个，第二类为管道井 1 个，第三类为上人孔和吊装孔各 1 个。

根据"结施-23A""结施-24A""结施-25A"图纸，识读其他各层平面结构布置图，根据图纸明确板厚为 120mm 和 150mm，板顶标高详见结构层楼面标高表。

2.板的属性定义

以二层平面结构图中现浇板为例,在属性工具栏中下拉选择"楼板楼梯",板下拉选择"现浇板",鼠标左键双击"现浇板LB1",自动弹出属性定义界面,在属性列表中修改板厚为120mm,模板类型为复合木模,现浇板类型为平板。现浇板LB120的属性定义如图5.1.1所示,现浇板LB150的属性定义如图5.1.2所示,完成后关闭界面。

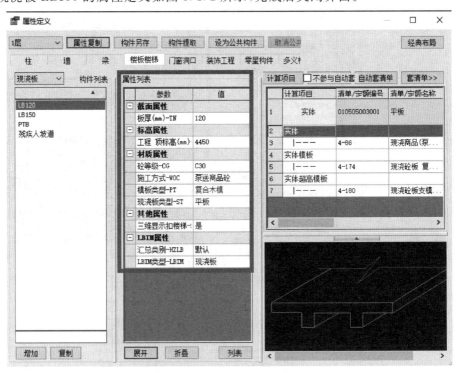

图 5.1.1　现浇板 LB120 属性定义

3.楼板布置

楼板属性定义完毕后,单击左边中文工具栏中"楼板楼梯"下的"形成板"按钮,会自动弹出"自动形成板选项"对话框。生成板有三种方式,由于本工程已经完成了框架梁的绘制,故可以选择"按梁生成",梁基线类型选择后,点击"确定",如图5.1.3所示,在鲁班界面中会按照梁生成现浇楼板,如图5.1.4所示。

4.楼板处理

梁自动生成的楼板会存在三个方面的问题,其一形成的板的类型全部统一为LB120,其二有板洞的位置也形成了楼板,其三楼板的顶标高均为楼层标高。

问题一的处理采用名称更换的方法,鼠标左键点击"名称更换"图标，选择属性需要更换为LB150的构件,鼠标右键确认会自动弹出"选构件"对话框,选择LB150,点击"确定"即可,如图5.1.5所示。

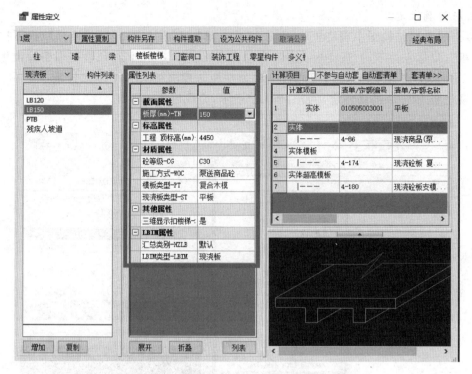

图 5.1.2　现浇板 LB150 属性定义

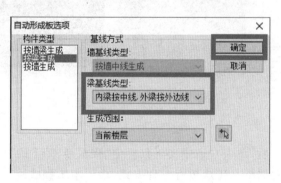

图 5.1.3　"自动形成板选项"对话框

问题二的处理采用构件删除和布置板洞的方法。方法一,鼠标左键点击"构件删除"图标，左键选择需要删除的楼梯间、电梯井、门厅和管道井等多个构件,右键确认可以完成删除。方法二,对于强弱电井构件删除不方便处理,可以采用布置板洞的方式来处理。由于强弱电井位于斜交轴网上,为了板洞布置的操作便捷,利于绘图,可先调整绘图界面的屏幕视图,左键点击"屏幕旋转"图标，自动弹出"屏幕旋转"对话框,输入旋转角度 45°,单击"确定"即可,如图 5.1.6 所示。单击左边中文工具栏中"楼板楼梯"下的"布板洞"按钮,会自动弹出"布置板洞方式"对话框,如图 5.1.7 所示,有三种可选择方式。强电洞口形状不规则,为 L 形,故选择"自由绘制",单击"确定"。沿着板洞的六个顶点绘制板洞,形成封闭的区域即可,洞口外侧距梁内侧为 300mm。弱电洞口为矩形,故选择"矩形布置",单击"确定",选择矩形的两个对角顶点形成封闭区域即可,完成的板洞如图 5.1.8 所示。

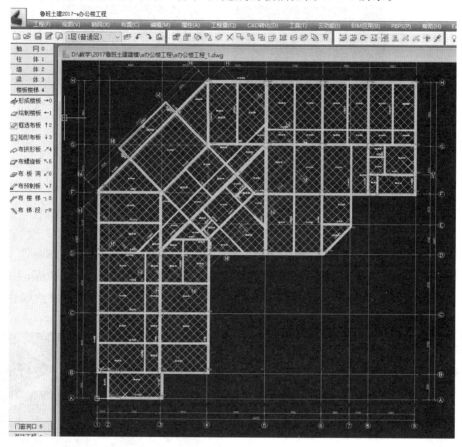

图 5.1.4　生成现浇楼板

图 5.1.5　选构件

图 5.1.6　屏幕旋转

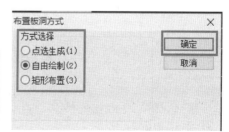

图 5.1.7　布置板洞方式

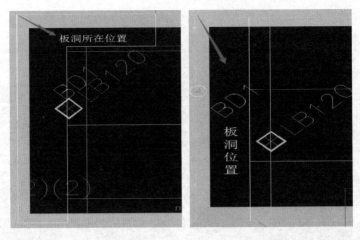

图 5.1.8 板洞

问题三的处理采用降低板面顶标高的方式,鼠标左键点击"高度调整"图标🖼,鼠标左键选择要调整的卫生间的楼板四块,鼠标右键确认,自动弹出"高度调整"对话框,去掉"高度随属性"前的钩,顶标高改为 4430mm,单击"确定",如图 5.1.9 所示。此时板的颜色变为蓝色,即实现板面顶标高降低 20mm,如图 5.1.10 所示。

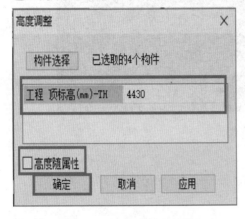

图 5.1.9 "高度调整"对话框

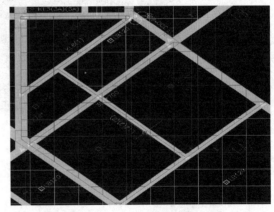

图 5.1.10 完成高度调整

特别提示

雨篷板的顶标高也需要进行调整,根据"结施-22A"图纸中雨篷节点大样图可知,雨篷的顶标高为 3900mm,调整方法同楼板。

5.2 楼梯建模

视频 5.2

1. 梯柱、梯梁、平台板建模

(1)分析图纸

根据"结施-29"和"结施-30"图纸,分别识读二层平面布置图和地下一层平面布置图,明确 1♯和 2♯楼梯梯柱 TZ1、TZ2 的截面均为 400mm×200mm,顶标高即休息平台的顶标高。分别识读一、二层平面布置图和地下一层平面布置图,明确 1♯和 2♯楼梯梯梁 TL1、TL2 的截面均为 200mm×400mm,顶标高有两种,即休息平台和楼层平台的顶标高,分别识读剖面图可以明确 1♯楼梯休息平台的深度为 1625mm,2♯楼梯休息平台的深度为 1375mm,地下一层第一段休息平台深度为 1880mm。

(2)梯柱、梯梁、平台板的属性定义

以 1♯楼梯中的构件为例,属性定义的方法与柱体、梁体、现浇板相同,这里不再重复,梯柱 TZ1 属性定义如图 5.2.1 所示,梯梁 TL1 属性定义如图 5.2.2 所示,平台板 PTB 属性定义如图 5.2.3 所示。

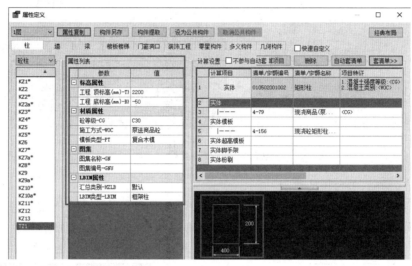

图 5.2.1　TZ1 属性定义

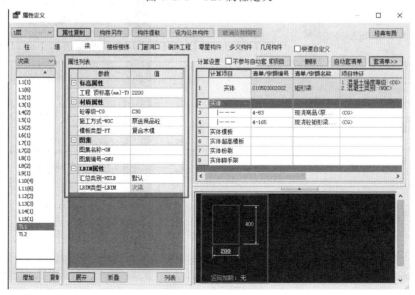

图 5.2.2　TL1 属性定义

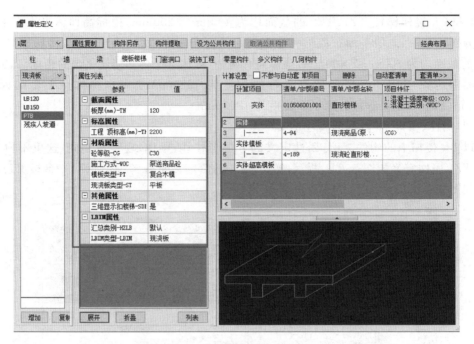

图 5.2.3　PTB 属性定义

（3）梯柱、梯梁、平台板的建模

构件属性定义完毕后，以 1♯ 楼梯中的构件为例，构件布置的方法与柱体、梁体、现浇板相同，这里不再重复。TZ1 的中心点与 2 轴的距离为 1525mm，TL1 与框架梁的位置重叠，故可更换到"分层 1"中绘制，偏心距离和分层如图 5.2.4 所示，完成的构件建模如图 5.2.5 所示。

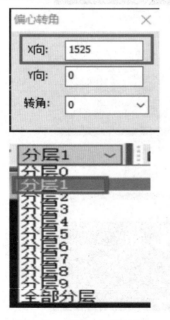

图 5.2.4　偏心和分层设置

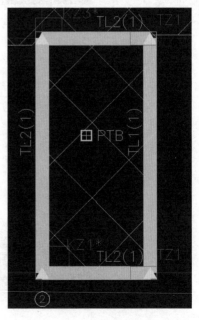

图 5.2.5　完成的构件建模

特别提示

2♯楼梯中的构件,方法同1♯楼梯,属性定义时顶标高为1783mm,TZ2的中心点与8轴的距离为1075mm,TL2在楼层平台处增加一根。

2.楼梯建模

(1)分析图纸

根据"结施-29"和"结施-30"图纸,识读1♯、2♯楼梯结构详图,根据图纸明确本工程有两种类型的楼梯,分别位于2-3轴与A-B轴之间和8-9轴与F-1/F轴之间。

1♯楼梯有8个梯段,每个楼层均双跑楼梯,踏面宽度均为260mm;踢面高度有三种,分别为161mm、162mm、158mm;梯井的宽度为120mm,第一梯段为净宽1640mm,其余均为1540mm;楼梯间的净宽为3300mm;梯段板有三种厚度,分别为140mm、130mm、120mm;休息平台的标高分别为2.20mm、6.55mm、10.55mm、14.35mm;梯梁的截面尺寸为200mm×450mm。

2♯楼梯有11个梯段,地下一层为三跑楼梯,地上均为双跑楼梯,踏面宽度均为260mm;踢面高度有三种,分别为167mm、162mm、158mm;梯井宽度100mm,第三和第五梯段为净宽1300mm,其余均为1200mm;楼梯间的净宽为2500mm;梯段板有四种厚度,分别为120mm、130mm、150mm、160mm;休息平台的标高分别为-2.717mm、-1.353mm、1.783mm、6.55mm、10.55mm、14.35mm、18.15mm;梯梁的截面尺寸为200mm×400mm。

(2)楼梯的属性定义

以一层1♯、2♯楼梯为例,在属性工具栏中下拉选择"楼板楼梯","楼板楼梯"下拉选择"梯段",鼠标左键双击"TD1",自动弹出属性定义界面,单击右键重命名为1♯ATa1,在属性列表中修改底标高为-50mm,模板为复合木模,鼠标左键单击梯段参数预览区域,修改梯段参数1♯ATa1,如图5.2.6所示。其他楼梯的属性定义:1♯ATb1如图5.2.7所示,2♯ATb1如图5.2.8所示,2♯ATb2如图5.2.9所示。

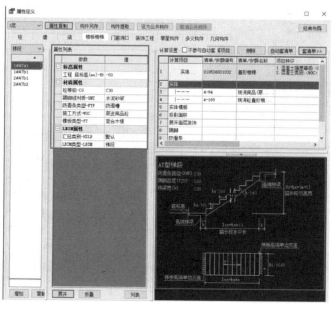

图 5.2.6 1♯ATa1 属性定义

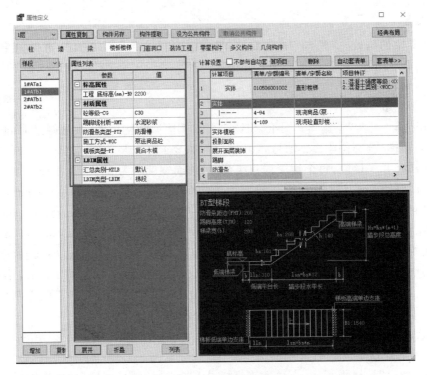

图 5.2.7　1#ATb1 属性定义

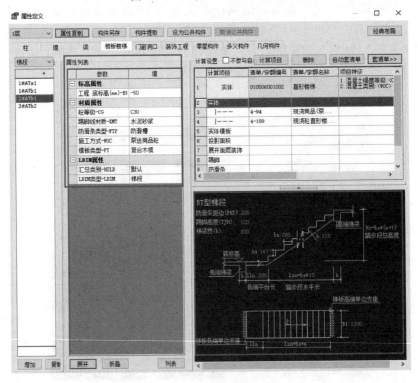

图 5.2.8　2#ATb1 属性定义

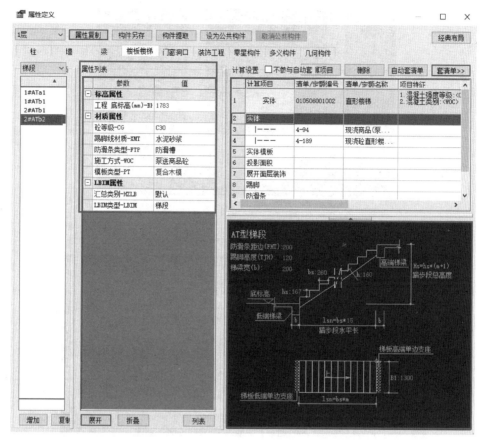

图 5.2.9 2♯ATb2 属性定义

特别提示

梯段的类型有 13 种,本工程中有 AT、BT、CT 三种类型,三者之间的区别是:AT 两端为平台梁;BT 低端有平段,两端为平台梁;CT 高端有平段,两端为平台梁。

(3)楼梯布置

梯段属性定义完毕后,单击左边中文工具栏"楼板楼梯"下的"布梯段"按钮,第一个梯段的插入点位于 TZ1 的一个端点,鼠标左键选择 A 轴与 TL1 相交位置,在对象捕捉状态下输入距离"100",如图 5.2.10 所示,鼠标右键确定,输入旋转角度 90°,右键确定,完成第一个梯段的布置。第二个梯段的插入点位于 3 轴与 B 轴交点处,相对 X 轴偏移-2145mm,相对 Y 轴偏移-100mm,可采用增加辅助线的方法确定插入点的位置,鼠标左键选择第一个插入点的位置,鼠标右键确定,输入旋转角度 270°,右键确定,完成第一个梯段的布置。1♯楼梯的布置如图 5.2.11 所示。

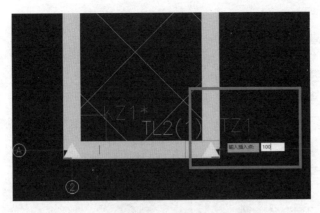

图 5.2.10　输入距离

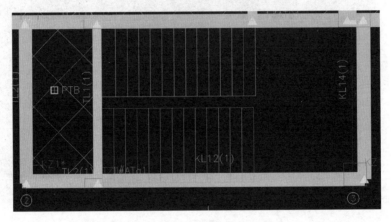

图 5.2.11　1♯楼梯的布置

特别提示

　　2♯楼梯的布置与 1♯楼梯方法相同,不再重复。在梯段布置中,特别要注意两点:其一,插入点务必选择在梯段的高端处,否则楼梯布置肯定会出现错误;其二,旋转角度的输入逆时针为正值,顺时针为负值。2♯楼梯的布置如图 5.2.12 所示。

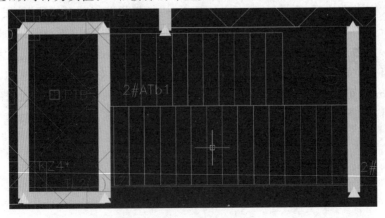

图 5.2.12　2♯楼梯的布置

3.栏杆扶手建模

(1)分析图纸

根据"建施-11A"和"建施-12A"图纸,识读 1♯、2♯ 楼梯详图,根据图纸明确本工程采用木扶手,具体详见国标 12J926 图集的"木扶 F3",栏杆扶手的高度为 900mm,间距为 260mm,栏杆的直径为 22mm,木扶手直径为 43mm。

(2)栏杆扶手的属性定义

在属性工具栏中下拉选择"零星构件","零星构件"下拉选择"栏杆扶手",鼠标左键双击"栏杆扶手"输入信息,如图 5.2.13 所示。

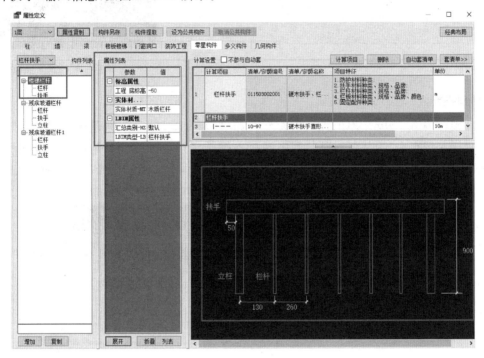

图 5.2.13　栏杆扶手属性定义

(3)栏杆扶手布置

栏杆扶手属性定义完毕后,单击左边中文工具栏"零星构件"下的"布栏杆"按钮,自动弹出"布栏杆扶手"对话框,如图 5.2.14 所示。选择"随构件布置"的方式,单击"确定",鼠标左键选择布置栏杆的梯段和布置栏杆的边(梯井位置),鼠标右键确定,输入离边距离 50mm,鼠标右键确定,完成栏杆布置,如图 5.2.15 所示。

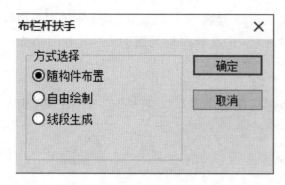

图 5.2.14 "布栏杆扶手"对话框

图 5.2.15 栏杆扶手布置完成

特别提示

2#楼梯内有 100mm 厚的加气混凝土隔墙,如图 5.2.16 所示,隔墙在梯段处应该变斜处理,鼠标左键点击"构件变斜"图标，鼠标左键选择楼体内需要变斜的墙体,右键确认,自动弹出"第一点标高"对话框,第一点位于休息平台处,第二点位于楼层平台处,标高设置如图 5.2.17 所示。隔墙的变斜完成后如图 5.2.18 所示。

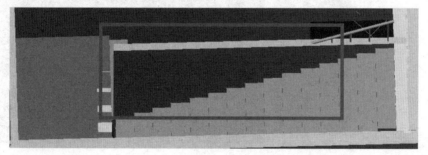

图 5.2.16 隔墙

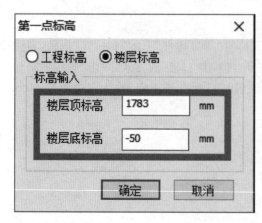

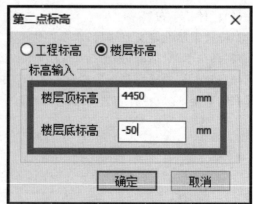

图 5.2.17 标高设置

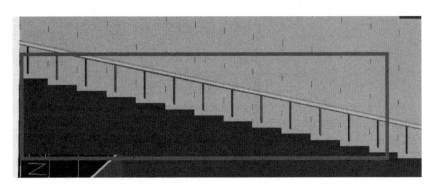

图 5.2.18　隔墙变斜

5.3　楼板楼梯命令详解

1. 形成楼板

点击左边中文工具栏中 形成楼板 →0 图标,弹出"自动形成板选项"对话框,板可以按墙、梁形成。不同的生成方式如图 5.3.1、图 5.3.2 所示,在对话框中选择相应的选项。

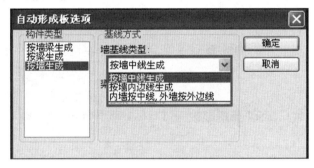

图 5.3.1　按墙生成

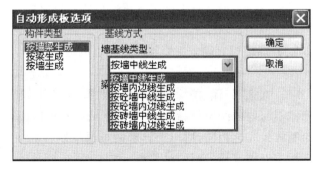

图 5.3.2　按墙梁生成

选择好构件类型与基线方式后,点击"确定"按钮,平面图中会按照所选择的生成方式生成现浇楼板,如图 5.3.3 所示。

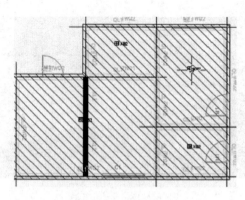

图 5.3.3　生成现浇楼板

2.绘制楼板

点击左边中文工具栏中 绘制楼板 ←1图标。按照形成楼板的各个边界点依次绘制楼板。依次选取下一点,最后一点可以回车表示闭合。

3.框选布板

点击左边中文工具栏中 框选布板 ↑2图标。寻找框选范围的最大封闭区域,按此区域生成楼板。命令行提示"请选择要框选生成的区域,回车确认",框选范围,按照此范围的最大封闭区域形成板。

4.矩形布板

点击左边中文工具栏中 矩形布板 ↓3图标。鼠标左键选择第一角点,鼠标左键选择对角点。

5.布拱形板

点击左边中文工具栏中 布拱形板 ↗4图标。选择第一点或参考点,指定下一点,命令完成、退出。

6.布螺旋板

点击左边中文工具栏中 布螺旋板 ↖5图标。首先指定螺旋板圆心点,然后根据提示在起始边上点击确定螺旋板半径,最后点击确定终止边位置或直接输入螺旋角度,螺旋板绘制完毕。

注意:旋转超过 360°的螺旋板只能采用直接输入角度的方式绘制。

7.布板洞

点击左边中文工具栏中 布 板 洞 ↙6图标。软件提供三种布置方法:①点选生成:按照提示,首先选择隐藏不需要的线条,然后点击封闭区域内某点以确定板洞的边界。②自由绘制:操作步骤与绘制楼板完全相同,适用于异形的板洞绘制。③矩形布置:左键选取矩形洞口的第一个角点,然后点击选择板洞的对角点。

注意:洞口必须闭合。楼板、楼地面、天棚位置图中虽然有洞口,但楼板、楼地面、天棚是否扣除洞口,与楼板、楼地面、天棚所套定额的计算规则定义中是否扣除洞口有关。

8.布预制板

点击左边中文工具栏中 布预制板 ↘7图标,在左边的属性工具栏中选取要布置的预制板。

选择参考边界(墙/梁),如果预制板从墙或梁的边开始布板,且板的搁置长度为墙、梁的中心线时,用鼠标左键选取目标墙或梁的名称(选取的墙或梁应与板平行)。

如果有别于上述情况,按键名"2",鼠标左键选取边界的第一点及第二点(两点的连线平行于板边)。输入板的块数,回车确认。图形中会出现一个箭头及方形框,左键选取布板方向。

9.布楼梯

点击左边中文工具栏中 **布 楼 梯** 8图标。首先左键选取图中一个点作为插入点,插入点位于楼梯休息平台上。然后指定旋转角度或参照(R),旋转角度输入正值,楼梯逆时针旋转,输入负值,楼梯顺时针旋转。参照(R)例如输入10,回车确认,表示以逆时针的10°作为参考,再输入90,回车确认,即楼梯只旋转了80°。最后布置楼梯,楼梯各个参数在属性定义对话框中完成,楼板会自动扣减楼梯。

【在线测试】

在线测试

【任务训练】

完成 A 办公楼工程地下一层的 2# 楼梯的 BIM 建模。

【能力拓展】

某工程的楼梯剖面图和平面图如下图所示,按照楼梯参数完成楼梯的 BIM 建模。

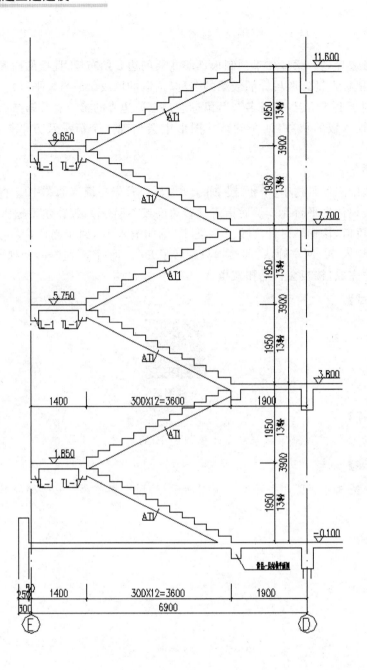

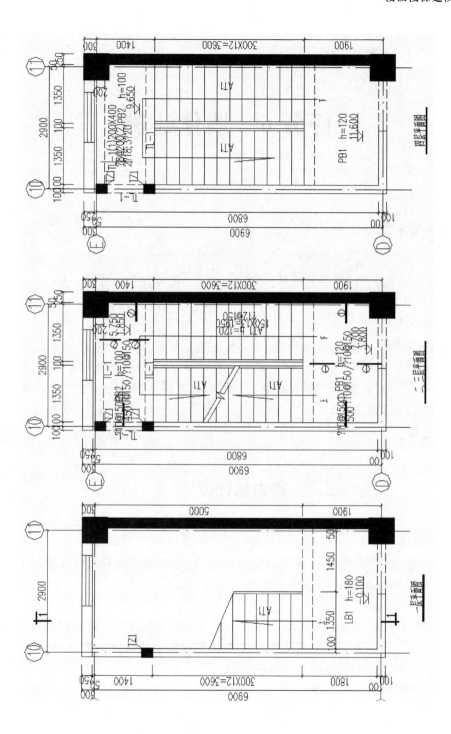

任务6 墙体建模

【学习目标】
1. 完成墙体识图及属性定义;
2. 能根据图纸绘制本层墙体图元、构造柱、圈梁图元;
3. 掌握墙体偏心在鲁班软件中的处理方法。

【任务导入】
本工程为上海某厂项目 A 办公楼,该工程为地上 5 层、地下 1 层的办公楼工程,建筑高度为 22m,总建筑面积为 5795m²,结构类型为框架结构,基础类型为桩基承台,墙体布置图参见施工图;本工程中有剪力墙和砌筑墙,剪力墙墙厚为 300mm,砌筑墙墙厚未注明均为 200mm。

【任务实施】

6.1 剪力墙建模

视频 6.1—6.2

1. 分析图纸

根据"建施-03A"图纸,识读地下一层平面图,根据图纸明确剪力墙位于地下一层外围一圈,剪力墙墙厚为 300mm,距离轴线位置 50mm 偏心。

2. 墙的属性定义

对剪力墙 TWQ1,在属性工具栏中下拉选择"墙体","墙体"下拉选择"砼外墙",鼠标左键双击"TWQ1",自动弹出属性定义界面,在截面属性区更改墙体厚度为 300mm,剪力墙的属性定义如图 6.1.1 所示,完成后关闭界面。

3. 剪力墙布置

墙体属性定义完毕后,楼层切换到－1 层,单击左边中文工具栏"柱"下的"绘制墙"按钮,由于墙体中心线不与轴线重合,存在墙体偏心的情况,需设置左边宽度为"－50",鼠标捕捉 6 轴和 H 轴的交点,连接至 6 轴和 F 轴交点,如图 6.1.2 所示。剪力墙布置完成如图 6.1.3 所示。

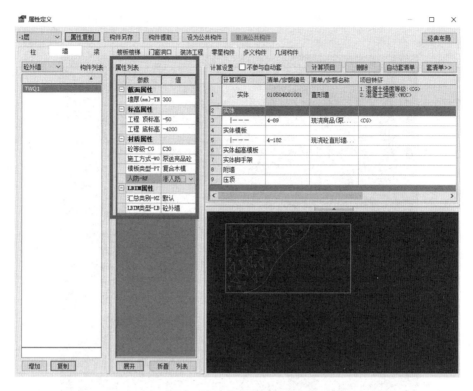

图 6.1.1　剪力墙属性定义

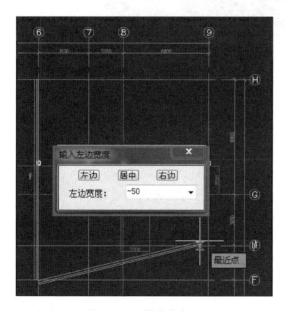

图 6.1.2　剪力墙布置

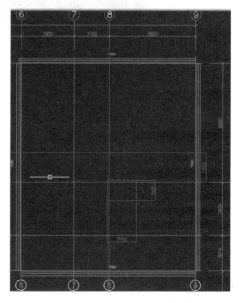

图 6.1.3　剪力墙布置完成

4.墙体闭合

　　墙体绘制完成以后,端部墙体存在未闭合的情况,需要进行墙体闭合。鼠标左键点击"倒角延伸闭合"图标▓,点选第一个构件,右键确定,点选第二个构件,两个构件自动延伸到它们中线的虚交点处，倒角命令结束。点击需要闭合的两段墙体，完成闭合。如图 6.1.4 所示。

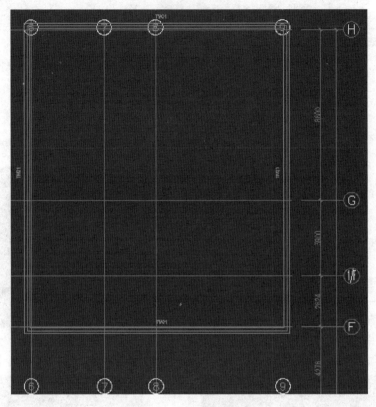

图 6.1.4　墙体闭合

6.2　砌筑墙建模

1.分析图纸

根据"建施-3A"图纸，识读一层平面图，根据图纸明确砌筑墙有两种类型，即外墙和内墙。外墙的厚度为 200mm，内墙的厚度为 200mm 和 100mm。100mm 的墙体位于男卫生间的管道井和 2♯楼梯中的隔墙。

2.墙体属性定义

对砌筑墙 ZWQ1、ZNQ1，在属性工具栏中下拉选择"墙体"，"墙体"下拉选择"砖外墙"，鼠标左键双击"ZWQ1"，自动弹出属性定义界面，在截面属性区更改墙体厚度为 200mm，砌筑墙的属性定义如图 6.2.1 所示，完成后关闭界面。"墙体"下拉选择"砖内墙"，设置方式与砖外墙一致，属性定义如图 6.2.2 所示。

3.砌筑墙布置

墙体属性定义完毕后，打开一层界面，单击左边中文工具栏"柱"下的"绘制墙"按钮，按

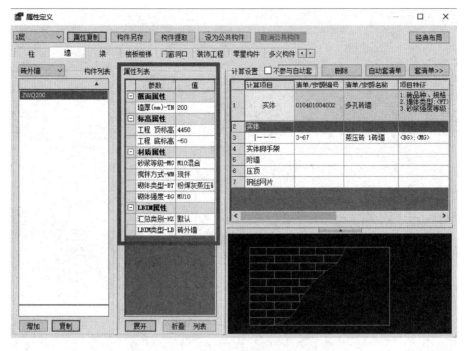

图 6.2.1　砖外墙属性定义

图 6.2.2　砖内墙属性定义

照剪力墙相同的布置方法,将一层墙体内、外墙布置完成,如图 6.2.3 所示。

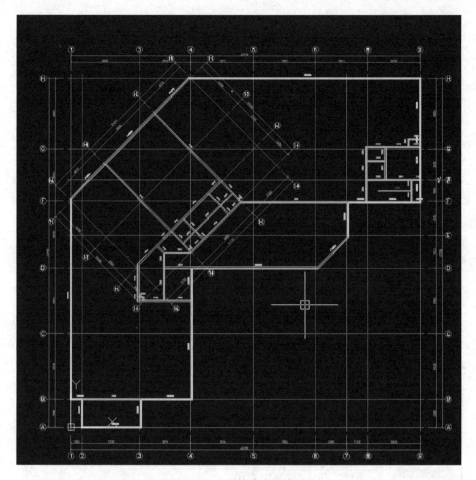

图 6.2.3　砌筑墙布置完成

6.3　其他构件建模

视频 6.3

1. 构造柱建模

(1)构造柱识图

根据"结施 01-3A"图纸,从结构设计说明中可以知道构造柱布置的区域。填充墙中构造柱的构造设置要求:①填充墙转角处应设置构造柱;②当墙长度超过 5m 或层高的 2 倍时,应在填充墙中部设置;③当填充墙顶部为自由端时,构造柱间距不宜大于 4m,并与现浇钢筋混凝土压顶整浇在一起;④当填充墙端部无主体结构或垂直墙体与之拉结时,端部应设置构造柱;⑤外墙上所有带雨篷的门洞两侧均应设置通高构造柱,且应与雨篷梁可靠拉结,构造柱截面尺寸为墙厚×200mm;⑥当电梯井道采用砌体时,电梯井道四角应设置构造柱;⑦楼梯间采用砌体填充墙时,尚应设置间距不大于层高且不大于 4m 的钢筋混凝土构造柱;⑧构造柱截面尺寸不小于墙厚×200mm。

（2）属性定义及布置

对构造柱 GZ1，在属性工具栏中下拉选择"柱体"，"柱体"下拉选择"智能构柱"，选择需要布置构造柱区域以及构造柱尺寸，如图 6.3.1 所示，点击"确定"，系统会自动在模型中布置构造柱。

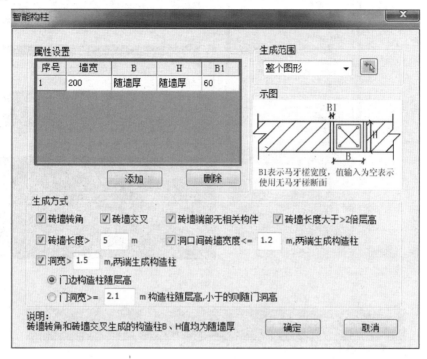

图 6.3.1　构造柱 GZ1 属性定义

注意：部分区域构造柱未能自动布置，需要手动进行布置，布置方法与砼柱一致。

2. 圈梁建模

（1）圈梁识图

根据"结施 01-3A"图纸，从结构设计说明中可以知道圈梁布置的区域，在电梯门洞顶部和电梯导轨支架预埋件相应位置设置圈梁。圈梁设置要求：当电梯井道采用砌体砌筑时，应按电梯厂家要求，在电梯门洞顶部和电梯导轨支架预埋件相应位置设置圈梁，圈梁截面尺寸为墙厚×300mm，由于电梯门洞高为 2300mm，故圈梁的顶标高为 2300mm。

（2）属性定义及布置

对圈梁 QL1，在属性工具栏中下拉选择"梁"，"梁"下拉选择"圈梁"，鼠标左键双击"QL1"，自动弹出属性定义界面，在属性列表中修改工程顶标高为 2300mm，在截面预览区选择截面形式，修改截面高度为 300mm，属性定义如图 6.3.2 所示，完成后关闭界面。单击左边中文工具栏"梁"下的"布圈梁"按钮，自动弹出"布置圈梁方式"对话框，如图 6.3.3 所示，有三种选择方式，可以选择随墙布置或选择自由绘制，本工程比较简单故选择自由绘制。圈梁布置方法与框架梁布置一致，在电梯井位置布置一圈圈梁，如图 6.3.4 所示。

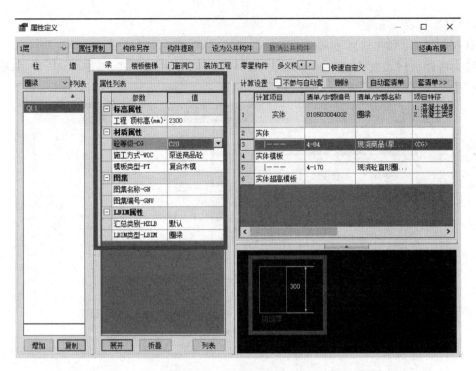

图 6.3.2　圈梁属性定义

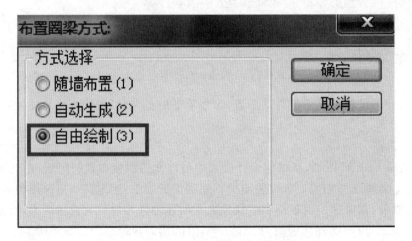

图 6.3.3　布置圈梁方式

6.4　墙体命令详解

1.轴网变墙

　　点击左边中文工具栏中█████轴网变墙图标,此命令适用于至少由纵横各两根轴线组成的轴网。①正向框选或反向框选,轴网,选中的轴线会变虚,选好后回车确认;在左边属性工具栏

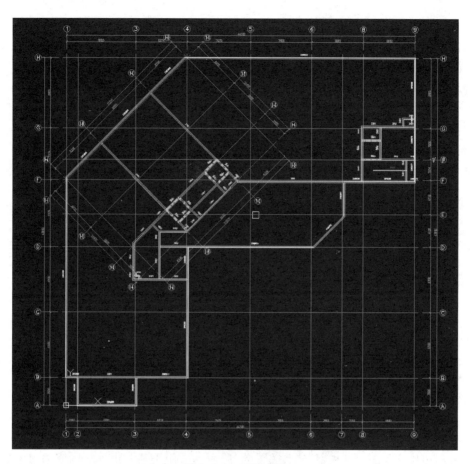

图 6.3.4　圈梁布置

中选择墙体名称。②确定裁减区域(回车不裁减)。如需要可直接用鼠标左键反向框选剔除不需要形成墙的红色的线段,可以多次选择,选中线段变虚(如果选错,按住 Shift,再用鼠标左键反向框选错选的线),选择完毕回车确认。如图 6.4.1 所示为轴网变墙。

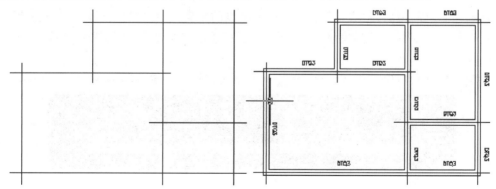

图 6.4.1　轴网变墙

2.轴端变墙

点击左边中文工具栏中 **轴段变墙** 图标,此命令适用于至少由纵横各两根轴线组成的轴网。在左边属性工具栏中选择墙体名称,然后点选某一轴端,选中的轴线会变色,选好后回车确认。

3.线段变墙

点击左边中文工具栏中 **线段变墙** 图标,此命令是将直线、弧线变成墙体,这些线应该是事先使用 AutoCAD 命令绘制出来的。①鼠标左键框选或点选目标,必须是直线或弧线,可以是一根或多根线,目标选择好后,在左边属性工具栏中选择墙体名称,回车确认。②命令不结束,重复①步骤,完毕后,回车退出命令,如图 6.4.2 所示。

注意:使用这种方法时,要变成墙的线应该位于墙的中心上,这样就不用再偏移墙了。

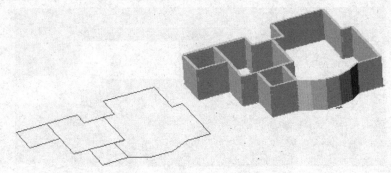

图 6.4.2　线段变墙

4.口式布墙

点击左边中文工具栏中 **口式布墙** 图标,此命令适用于某一由轴线围成的封闭区域。

在左边属性工具栏中选择墙体名称,然后点击某一由轴线围成的封闭区域,围成这一区域的轴线变色,可继续点击其他区域,区域选择完毕后回车或右键确认。

5.布填充体

点击左边中文工具栏中 **布填充体** 图标,①左键选取加构件的墙体的名称,②输入填充墙离墙体起点的距离,③输入填充墙离墙体端点的距离,④在左边的属性工具栏中调整填充墙的顶标高与底标高及相关属性。命令不结束,重复步骤②~④,布置完毕后,回车退出命令。

提示:卫生间、厨房间部分的素混凝土防水墙可以用填充墙绘制,如图 6.4.3 所示。

图 6.4.3　填充墙绘制素混凝土防水墙

6.形成外边

点击左边中文工具栏中 **形成外边** 图标。启动此命令后软件会自动寻找本层外墙的外边线,如图 6.4.4 所示,并将其变成绿色,从而形成本层建筑的外边线。

注意:此命令对间壁墙形成的封闭区域无效。

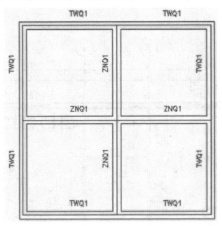

图 6.4.4　自动寻找墙外边线

7. 外边变内

点击左边中文工具栏中外边变内图标。左键选取需设置的墙外边线(绿色墙边线),选中的墙边线变虚,回车确认,选中的墙边线恢复成原图层默认色。本命令可以将需要设置的边线类型调整为内边线。

注意:①此命令可应用于所有墙的外边线;②可框选外边线。

8. 内边变外

点击左边中文工具栏中内边变外图标。左键选取需设置的墙边线(非绿色墙边线),选中的墙边线变虚,回车确认,选中的墙边线变成绿色。本命令可以将需要设置的边线类型调整为外边线。

注意:①此命令可应用于所有墙的内边线;②可框选内边线。

【在线测试】

在线测试

【任务训练】

完成 A 办公楼工程的 2 层墙体、构造柱、圈梁 BIM 建模。

【能力拓展】

已知某工程一层平面图如下图所示,层高 3.6m,内墙厚 100mm,外墙厚 240mm,墙体材料自定,完成墙体 BIM 建模。

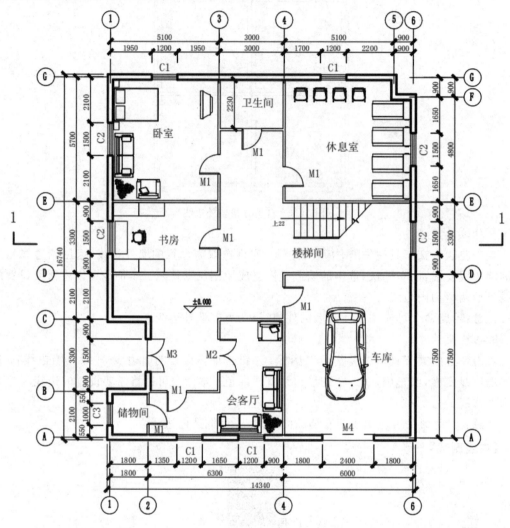

任务 7 门窗建模

【学习目标】

1. 能够快速识读门窗相关的信息；
2. 能够正确定义门窗的工程底标高、材质、类型、开启方式、门扇数等信息；
3. 能正确布置门窗。

【任务导入】

本工程为上海某厂项目 A 办公楼，该工程为地上 5 层、地下 1 层的办公楼工程，建筑高度为 22m，总建筑面积为 5795m^2，结构类型为框架结构，该工程的门窗工程参见图纸"建施-14A"门窗表及详图。

【任务实施】

7.1 门窗的建模

视频 7.1

1. 分析图纸

分析图纸"建施-14A"门窗表及详图，可以得到门窗表的信息，如表 7.1.1 所示。

表 7.1.1 门窗信息

类别	门窗编号	洞口尺寸（mm）		樘 数								备注
		宽	高	一1层	1层	2层	3层	4层	5层	机房层	合计	
防火门	FM甲1521	1500	2100	4							4	
	FM乙1021	1000	2100		1	2	2	2	2		9	
	FM乙1221	1200	2100	1	2					2	5	
	FM乙1521	1500	2100	1	5	1	1	1	1		10	
	FM丙1021	1000	2000		3	3	3	3	3		15	管井门

续表

类别	门窗编号	洞口尺寸（mm） 宽	高	橙 数 -1层	1层	2层	3层	4层	5层	机房层	合计	备注
普通门	M0821	800	2100	1							1	
	M1021	1000	2100		2	2	2	2	2		10	
	M1221	1200	2100		1	1	1	1	1		5	
	M1221	1200	2100							1	1	玻璃门
	M1521	1500	2100			8	8	8	8		32	
	M1530（有亮）	1500	3000		2						2	
	M1837（有亮）	1800	3700		3						3	铝合金玻璃门
窗	C1537	1500	3700		2						2	
	C2424	2400	2400		1						1	
	C1835	1800	3500		1						1	
	C1235	1200	3500		1						1	
	C2435	2400	3500		10						10	
	C5135	5100	3500		2						2	
	C6035	6000	3500		5						5	
	BYC1520	1500	2000		1						1	窗下墙1700
	C0932	900	3200								1	
	C1232	1200	3200								1	
	C1532	1500	3200								3	
	C1832	1800	3200								3	
	C2432	2400	3200								10	
	C5132	5100	3200								2	
	C6032	6000	3200								5	
	C6632	6600	3200								1	
	C0928	900	2800				1	1	1		3	
	C1228	1200	2800				1	1	1		3	
	C1528	1500	2800				3	3	3		9	

续表

类别	门窗编号	洞口尺寸（mm）		樘 数								备注
		宽	高	一1层	1层	2层	3层	4层	5层	机房层	合计	
窗	C1828	1800	2800				3	3	3		9	
	C2128	2100	2800				4	4	4		12	
	C2428	2400	2800				20	20	20		60	
	C6628	6600	2800				1	1	1		3	
	C0926	900	2600							1	1	
	C1519	1500	1900							1	1	
	C1526	1500	2600							1	1	
	C1826	1800	2600							1	1	
	C2419	2400	1900							1	1	
	BYC6624	6600	2400							1	1	

由此表可得知门的种类有两种,即防火门和普通门;窗有两种,即百叶窗和普通窗。所有未备注的普通门均为木质夹板门,所有外窗均为外开平开窗。本节以 A 办公楼一层为例,讲解门窗建模。

2.门窗的属性定义

（1）门的属性定义

以"FM 乙 1221"门为例,在属性定义栏选择"门窗洞口"下"门",鼠标左键双击"FM 乙 1221",进入门的尺寸更改,右键点击对门进行名称修改,完成后关闭属性定义。①框厚:输入门实际的框厚尺寸,对墙面块料面积的计算有影响,本工程按默认数值"100"。②工程底标高:输入数值"0"。③门类型:按材质选择"防火门"。④门扇数:选择"双扇"。相同类型的门可以点击复制,如图 7.1.1 所示。

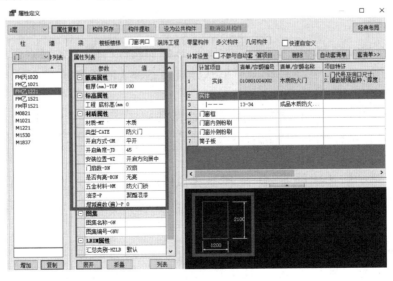

图 7.1.1 门的属性定义

(2)窗的属性定义

以"C1537"为例,在属性定义栏选择"门窗洞口"下"窗",鼠标左键双击"C1537",进入窗的尺寸更改,右键点击对窗进行名称修改,完成后关闭属性定义。①框厚:输入窗实际的框厚尺寸,对墙面块料面积的计算有影响,本工程按默认数值"100"。②工程底标高:结合立面图得知窗底标高为 200mm,输入数值"200"。相同类型的窗可以点击复制,如图 7.1.2 所示。

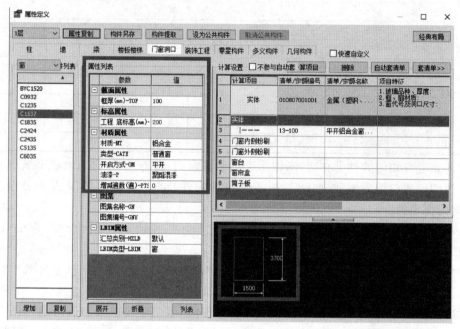

图 7.1.2　窗的属性定义

3.门窗的布置

(1)门布置

以"FM 乙 1221"门为例,选择 布 门 命令,选择加构件的墙,即左键点击选择 B 轴与 3 轴的墙,右键点击确定。在绘制时,软件默认开启动态输入的数值框,可以直接输入一边距墙端头的距离,回车即可,如图 7.1.3 所示。

在左侧菜单栏选择 开启方向,鼠标左击选择"FM 乙 1221",右击确定。命令行提示:"按鼠标左键选择左右方向,按鼠标右键选择前后方向"。右击即可,如图 7.1.4 所示。

(2)窗布置

以"C1537"为例,选择 布 窗 命令,选择加构件的墙,即左击选择 1-1 轴的墙,右击确定。在绘制时,软件默认开启动态输入的数值框,可以直接输入一边距墙端头的距离,回车即可。

特别提示

百叶窗的底标高为 1700mm,不同于其他的窗户,门窗洞构件属于墙的附属构件,也就是说门窗构件必须绘制在墙上。

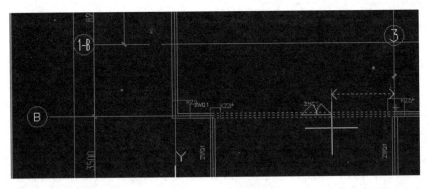

图 7.1.3　门布置

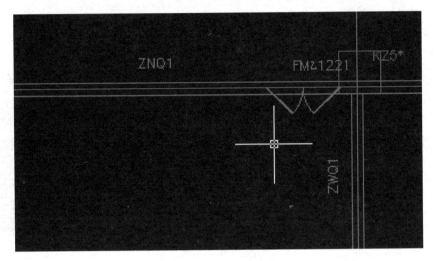

图 7.1.4　选择门开启方向

7.2　其他构件建模

视频 7.2

1.过梁建模

（1）分析图纸

分析"结施-01-3A"图纸的结构设计总说明三中的"10.1.8 门窗构造"可知，后砌填充墙门窗洞口顶部应设置钢筋混凝土过梁。根据图纸判断内墙门洞与外墙门窗洞口上方应设过梁，但根据门窗洞口顶标高与梁底标高可判断部分门窗顶与框架梁底在同一位置，过梁不再设置。故外墙 M0821、M1530、C2424 三处需要设置过梁。内墙门洞上均需要设置过梁，可按表 7.2.1 选用。

表 7.2.1　过梁尺寸

洞宽 L_n(mm)	过梁高 H(mm)
$L_n \leqslant 1000$	120
$1000 < L_n \leqslant 1500$	120
$1500 < L_n \leqslant 1800$	180
$1800 < L_n \leqslant 2400$	180
$2400 < L_n \leqslant 3000$	240
$3000 < L_n \leqslant 4000$	300

注意:当洞口上方有梁通过时,且该梁底与门窗洞顶距离过近、放不下过梁时,可直接在梁下挂板,或将过梁与上方梁整浇。

(2)属性定义及布置

在左侧菜单栏选择"布过梁",弹出"布置过梁方式"对话框,选择"手动生成"后点击"确定"。左击选择内墙上"FM 乙 1221",右击"确定",过梁便可布置完成,如图 7.2.1 所示。

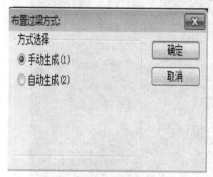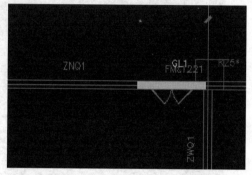

图 7.2.1　手动布置过梁

由于"FM 乙 1221"门与 KZ5 之间并没有墙体,故过梁应该直接搭接在框架柱 KZ5 上,所以过梁搁置在框架柱 KZ5 的一边长度应设为 0,另一边应设为 250。即在左侧菜单栏选择"设置搁置",输入起点处搁置长度 250,回车,输入终点处搁置长度为 0,回车,如图 7.2.2 和图 7.2.3 所示。

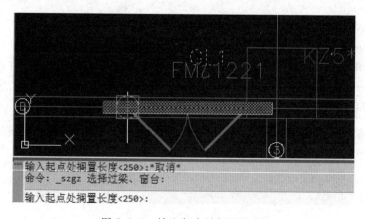

图 7.2.2　输入起点处搁置长度

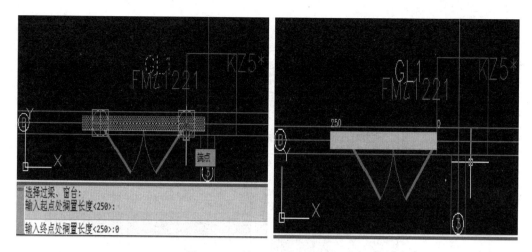

图 7.2.3　输入终点处搁置长度

其次，若选择自动生成方式，即洞口宽度可以根据过梁表手动输入修改，或是增删个数。并可以点击"高级"，根据所需类型进行设置，最后点击"确定"，如图 7.2.4 所示。

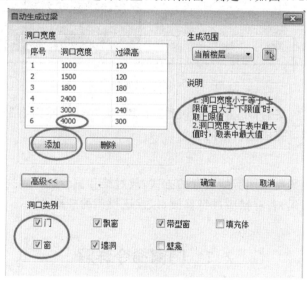

图 7.2.4　自动生成过梁

然而，这样生成的过梁只要符合门窗洞口的宽度，都可以布置上过梁，进而外墙下门窗有些不需要布置过梁的就需要手动删除。若需设置搁置长度，重复前述步骤即可。

2.窗台梁建模

在属性工具栏中下拉选择"梁"，"梁"下拉选择"CT"，鼠标左键双击"CT"，自动弹出属性定义界面，在属性列表左侧菜单栏选择，单边搁置长度按默认值"250"，工程顶标高按默认"取洞口底标高"，窗台梁高度为 150mm，宽度同墙厚，如图 7.2.5 所示，完成后关闭界面。

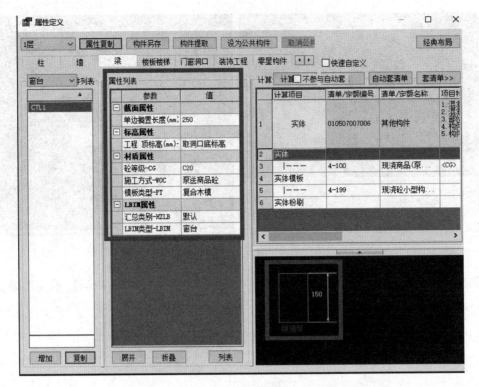

图 7.2.5 窗台梁属性定义

窗台梁属性定义完毕后,单击左边中文工具栏"梁"下的"布窗台"按钮,鼠标左键框选窗,鼠标右键确定,即可完成窗台梁的布置。

特别提示

由于过梁和窗台梁是采用智能布置的方式,故过梁和窗台梁布置完成后,务必仔细检查其搁置长度是否有错误,若有错应进行修改,以保证模型的准确性。

7.3 门窗命令详解

1.布门

点击左边中文工具栏中 布 门图标,可以在左边的属性工具栏中选择要布置的门或窗。左键选取加构件的一段墙体,命令行提示:"指定定位距离或【参考点(R)/插入基点(I)】"。定位方式有以下三种供选择,①随意定位:用鼠标左键在相应位置拾取一点;②参考点:输入"R",回车确认,改变定位箭头的起始点;③输入尺寸定位:鼠标移动确定好方向,直接在命令行输入尺寸。

特别提示

通常情况下,用户可以随意定位门或窗。参考点只在墙中线上选择,如果不在中心线上,命令行提示"请在墙中线上选择参考点"。当我们框选部分构件时,可以利用 F 键使用过滤器,进行构件的二次筛选。

2.布窗

点击左边中文工具栏中 ⊞ **布 窗** 图标,方法与"布门"完全相同。有时窗的底标高可能会与软件默认的高度不同,需要在属性工具栏中调整一下。

3.布带形窗

点击左边中文工具栏中 ⊞ **布带形窗** ↘ 图标,可以在墙的方向上任意点击鼠标确定窗的形状,如图7.3.1所示。

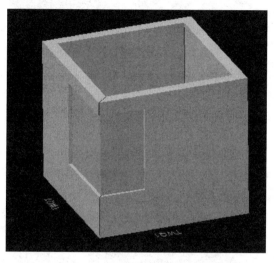

图 7.3.1 布带形窗

4.布平飘窗

点击左边中文工具栏中 ⊞ **布平飘窗** 图标,方法与"布门"完全相同,如图7.3.2所示。

图 7.3.2 布平飘窗

5.布角飘窗

点击左边中文工具栏中 ⊞ **布角飘窗** 图标,可以布置转角飘窗。选择两道外墙的交角,内边线、中线、外边线的交角均可;输入一端转角洞口尺寸;输入另一端转角洞口尺寸;命令不结束,可以再布置其他的转角飘窗,回车结束命令。布置好的转角飘窗如图 7.3.3 所示。

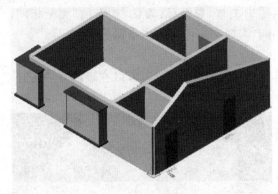

图 7.3.3　转角飘窗

6.布老虎窗

点击左边中文工具栏中 布老虎窗 图标,左键点取左边属性工具栏中要布置的老虎窗的类型,根据命令行提示,选择相应的斜板,指定插入点(插入点默认为老虎窗下墙的中点),如图 7.3.4 所示。

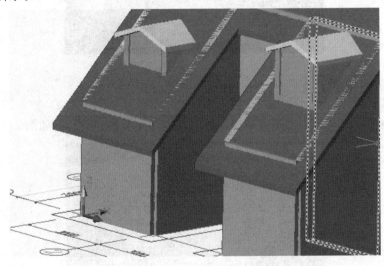

图 7.3.4　布老虎窗

特别提示

老虎窗的布置一定要用斜板;插入点定位一定要准,后期操作不会随板调整斜度。

7.布墙洞

点击左边中文工具栏中 布 墙 洞 图标,方法与"布门"完全相同,如图 7.3.5 所示。

图 7.3.5　布墙洞

8. 布壁龛

点击左边中文工具栏中 [□布 壁 龛 ↑2] 图标，方法与"布门"完全相同，如图 7.3.6 和图 7.3.7 所示。

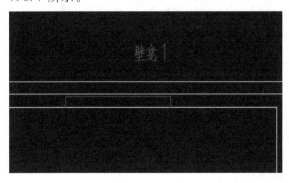

图 7.3.6　布壁龛(一)

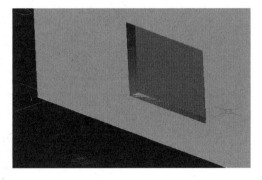

图 7.3.7　布壁龛(二)

9. 开启方向

点击左边中文工具栏中 [△开启方向] 图标，可以更改门窗在墙上的开启方向。此命令启动后的操作步骤为：命令行提示"请选择门"，左键选取门，可以选中多个门，回车确认。命令行提示"按鼠标左键－改变左右开启方向，按鼠标右键－改变前后开启方向"，单击鼠标左键，改变门的左右开启方向；单击右键改变门的前后开启方向。

10. 快捷命令布门窗

命令格式：B+构件小类首字母，如：BM；构件名称，断面尺寸，如："M2，900×2100"表示布置 900mm×2100mm 的门 M2。

如果属性中已经定义好构件，可以在输入命令后，只输入构件名称进行绘制，不必输入构件尺寸。快捷命令与构件的对应关系如表 7.3.1 所示。

表 7.3.1　快捷命令与构件的对应关系

构件大类	快捷命令 1	快捷命令 2	对应命令	构件类别
门	BM	BM	布门	门
窗	BC	BC	布窗	窗

11. 属性工具栏布门窗

按下键盘上的 Ctrl 键,鼠标左键单击需要布置的门窗构件,即可以开始使用上一次的布置命令布置该构件。第一次使用则使用默认命令布置门窗,上一次使用的命令必须是表7.3.2 中支持的命令。Ctrl 键布置构件命令与构件对应关系如表 7.3.2 所示。

表 7.3.2　布置构件命令与构件对应关系

构件类型	默认命令	支持命令
门	布门	布门
窗	布窗	布窗
带形窗	布带形窗	布带形窗
平飘窗	布平飘窗	布平飘窗
角飘窗	布角飘窗	布角飘窗
老虎窗	布老虎窗	布老虎窗
墙洞	布墙洞	布墙洞
壁龛	布壁龛	布壁龛

【在线测试】

在线测试

【任务训练】

完成 A 办公楼工程的 2 层门窗、过梁和窗台梁的 BIM 建模。

任务 8 装饰建模

【学习目标】

1. 能够正确识读房间的装修做法；

2. 能够正确定义楼地面、天棚、墙面、柱面及踢脚线的属性，能够在房间参数中选取相应的做法；

3. 能够绘制房间的装饰图元。

【任务导入】

本工程为上海某厂项目 A 办公楼，该工程为地上 5 层、地下 1 层的办公楼工程，建筑高度为 22m，总建筑面积为 5795m²，结构类型为框架结构，房间的装修做法参见建筑设计说明，本工程地面的做法有四种，楼面的做法有三种，顶棚的做法有两种，内墙的做法有三种，踢脚线的做法有两种；房间有办公室，楼梯间，电梯厅、门厅，走道，卫生间、拖把间，水泵房，强、弱电间七种类型。

【任务实施】

8.1 房间装饰建模

视频 8.1

1. 分析图纸

根据"建施-2A"图纸，识读各房间内装修统计一览表和室内装修及外墙、屋面等构造做法一览表，根据图纸明确本工程地面的做法分别为地 1（有坡防水地砖地面）、地 2（地砖地面）、地 3（防水细石砼地面）和地 4（混凝土地面）；楼面的做法分别为楼 1（有坡防水地砖楼面）、楼 2（地砖楼面）和楼 3（混凝土楼面）；顶棚的做法分别为顶 1（普通顶棚）和顶 2（防潮顶棚）；内墙面的做法分别为内 1（涂料内墙）、内 2（防霉内墙）和内 3（面砖内墙）；踢脚线的做法分别为踢 1（水泥砂浆踢脚线）和踢 2（地砖踢脚线），其高度为 120mm；独立柱面的做法默认与相对应的内墙面相同。

2. 装修构件的属性定义

（1）楼地面属性定义

以首层为例，一层的地面做法有三种，分别为地 1、地 2 和地 4，楼面做法有两种，分别为楼 2 和楼 3。楼层切换到 1 层，在属性工具栏中下拉选择"装饰工程"，"装饰工程"下拉选择

"楼地面",鼠标左键双击"LM1",自动弹出属性定义界面,双击鼠标右键重命名为"地1有坡防水地砖地面"。在属性列表中修改材质属性,材质的具体做法详见室内装修及外墙、屋面等构造做法一览表,面层材质为地砖,基层材质为水泥砂浆,防潮层材质为防水涂料。地1的属性定义如图8.1.1所示。

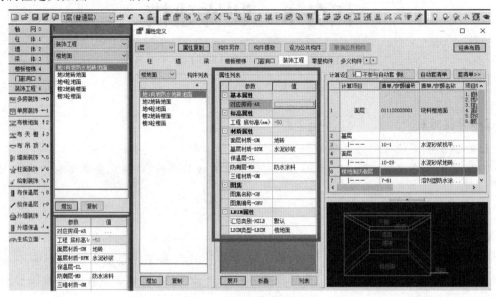

图 8.1.1　地 1 的属性定义

特别提示

由于首层平面中6-9号轴线与F-H号轴线之间有地下室,故此处的为楼面,其他均为地面;其余的楼地面的属性定义均可在地1的基础上进行复制或增加并更改属性定义,进而完成其他四种楼地面的属性定义。

(2)天棚的属性定义

以首层为例,一层的天棚做法有两种,分别为顶1和顶2。楼层切换到1层,在属性工具栏中下拉选择"装饰工程","装饰工程"下拉选择"天棚",鼠标左键双击"PD1",自动弹出属性定义界面,双击鼠标右键重命名为"顶1普通顶棚"。在属性列表中修改材质属性,材质的具体做法详见室内装修及外墙、屋面等构造做法一览表,面层材质为白色涂料。顶1的属性定义如图8.1.2所示,顶2的属性定义在顶1的基础上复制或增加并更改参数确定。

(3)内墙面的属性定义

以首层为例,一层的内墙面做法有两种,分别为内1和内3。楼层切换到1层,在属性工具栏中下拉选择"装饰工程","装饰工程"下拉选择"内墙面",鼠标左键双击"NQM1",自动弹出属性定义界面,双击鼠标右键重命名为"内1涂料内墙"。在属性列表中修改材质属性,材质的具体做法详见室内装修及外墙、屋面等构造做法一览表,面层材质为涂料,基层材质为水泥砂浆。内1的属性定义如图8.1.3所示,内3的属性定义在内1的基础上复制或增加并更改参数确定。

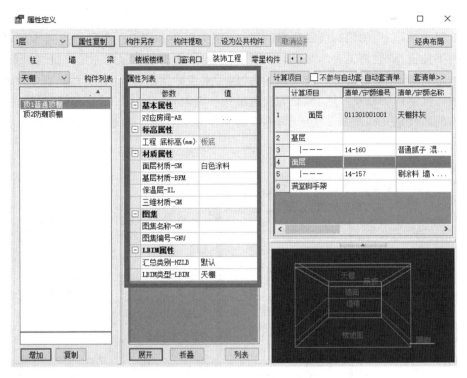

图 8.1.2 顶 1 的属性定义

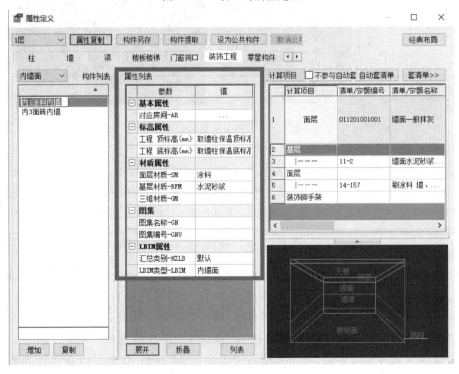

图 8.1.3 内 1 的属性定义

（4）踢脚线的属性定义

以首层为例，一层的踢脚线做法有两种，分别为踢 1 和踢 2。楼层切换到 1 层，在属性工具栏中下拉选择"装饰工程"，"装饰工程"下拉选择"踢脚线"，鼠标左键双击"QTJ1"，自动弹出属性定义界面，双击鼠标右键重命名为"踢 1 水泥砂浆踢脚"。在属性列表中修改属性，具体做法详见室内装修及外墙、屋面等构造做法一览表，高度为 120mm，面层材质为水泥砂浆。踢 1 的属性定义如图 8.1.4 所示，踢 2 的属性定义在踢 1 的基础上复制或增加并更改参数确定。

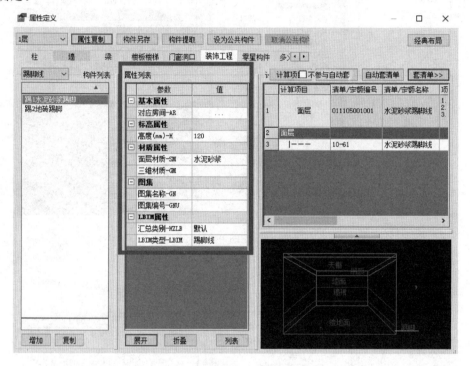

图 8.1.4　踢 1 的属性定义

（5）柱面的属性定义

以首层为例，首层的独立柱面做法参照内墙 1，独立柱有三个，分别位于 3、5、6 三个轴线上，在属性工具栏中下拉选择"装饰工程"，"装饰工程"下拉选择"柱面"，鼠标左键双击"ZM1"，自动弹出属性定义界面，双击鼠标右键重命名为"涂料柱面"。在属性列表中修改材质属性，属性定义如图 8.1.5 所示。

3.房间的属性定义

房间的属性定义，以首层为例，首层的房间有办公室，卫生间、拖把间，楼梯间，电梯厅、门厅，走道四种类型。由于首层 6-9 号轴线与 F-H 号轴线之间有地下室，故此处为楼面。除卫生间、拖把间外其余三种房间可按照地面、楼面分开定义房间。

在属性工具栏中下拉选择"装饰工程"，"装饰工程"下拉选择"房间"，鼠标左键双击"FJ1"，自动弹出属性定义界面，双击鼠标右键重命名为"办公室（地）"。在属性列表中选择房间装修的对应做法，属性定义如图 8.1.6 所示。其他房间的属性定义在"办公室（地）"基础上复制或增加并更改参数确定。

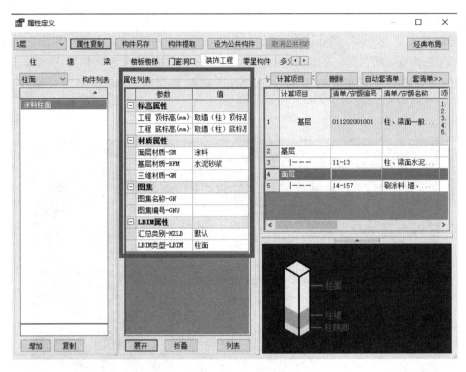

图 8.1.5　柱面的属性定义

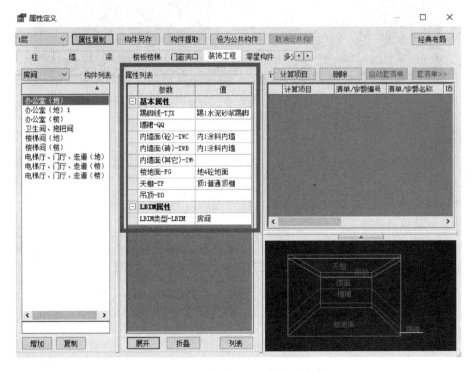

图 8.1.6　办公室(地)的属性定义

4. 房间的装修布置

房间属性定义完毕后,单击左边中文工具栏"装饰工程"下的"单房间装修"按钮,按照"建施-3A"图纸的房间名称,选择软件中定义好的房间,在需要布置装修的房间单击鼠标左键,房间中的装修会自动布置楼地面、内墙面、天棚和踢脚线,完成房间的装修布置,如图8.1.7 所示。

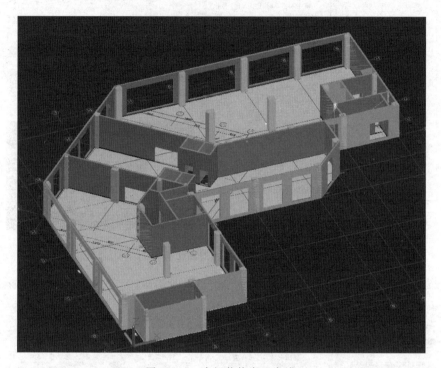

图 8.1.7 房间装修布置完成

特别提示

由于首层平面中 6-9 号轴线与 F-H 号轴线之间有地下室,应以 6 号轴分界布置办公室(地)和办公室(楼),故布置前可在 6 号轴处绘制零墙进行区分。

绘制房间装修图元时,必须要保证房间是封闭的,否则房间的装修布置会不成功。

5. 独立柱的装修布置

单击左边中文工具栏"装饰工程"下的"柱面装修"按钮,鼠标左键选择需要布置装修的三个独立柱,鼠标右键单击确定,即可完成独立柱的装修布置,如图8.1.8 所示。

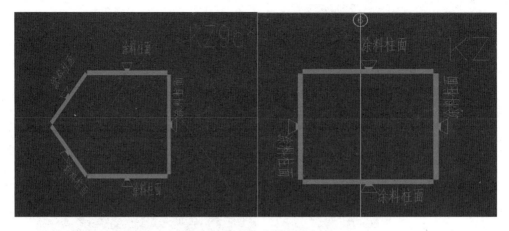

图 8.1.8 独立柱的装修布置

8.2 外墙装饰建模

1.分析图纸

根据"建施-2A"图纸,识读各房间内装修统计一览表和室内装修及外墙、屋面等构造做法一览表,根据图纸明确本工程外墙面的做法为外墙1(仿石涂料外墙)。

视频 8.2

2.外墙面装修的属性定义

以首层为例,在属性工具栏中下拉选择"装饰工程","装饰工程"下拉选择"外墙面",鼠标左键双击"WQM1",自动弹出属性定义界面,双击鼠标右键重命名为"仿石涂料外墙"。在属性列表中修改材质属性,材质的具体做法详见室内装修及外墙、屋面等构造做法一览表,面层材质为仿石涂料,基层材质为水泥砂浆。外墙1的属性定义如图8.2.1所示。

3.外墙面装修的布置

单击左边中文工具栏装饰工程下的"外墙装修"按钮,出现如图8.2.2所示的对话框。在对话框中选择外墙装饰的墙面,如图8.2.3所示。点击"确定"按钮,软件自动搜索外墙外边线并生成外墙装饰。特别注意:生成外墙装饰的操作必须在形成或绘制完外墙外边线后才能进行。

BIM 建模之土建建模

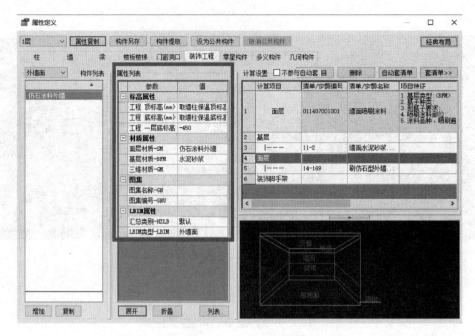

图 8.2.1　外墙 1 的属性定义

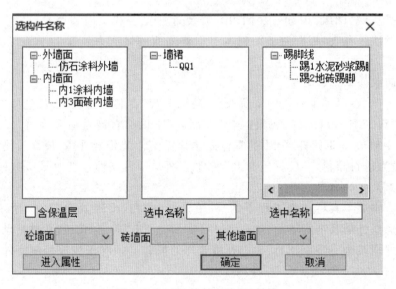

图 8.2.2　"选构件名称"对话框

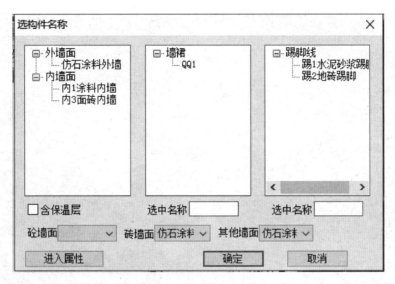

图 8.2.3　选择外墙装饰的墙面

8.3　装饰工程命令详解

1. 多房装饰

点击左边中文工具栏中 多房装饰 图标,软件右下弹出浮动对话框,如图 8.3.1 所示,下拉选择楼地面、天棚、墙装饰和吊顶的生成方式。

命令行提示"框选墙体",这时框选需要布装饰的房间的墙体(可同时框选多个房间的墙体),右键确定,软件自动在选中的墙体围成的封闭房间生成装饰,布置完成的房间装饰平面图和三维图,分别如图 8.3.2 和图 8.3.3 所示。

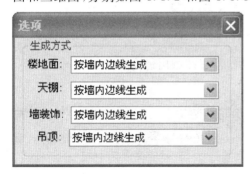

图 8.3.1　选择生成方式

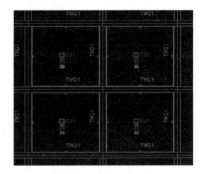

图 8.3.2　房间装饰平面图

2. 单房装饰

点击左边中文工具栏中 单房装饰 图标,软件右下弹出浮动对话框,如图 8.3.4 所示,下拉选择楼地面、天棚、墙装饰和吊顶的生成方式。

命令行提示:"请点击房间区域内一点",这时在需要布置装饰的房间区域内部点击任意

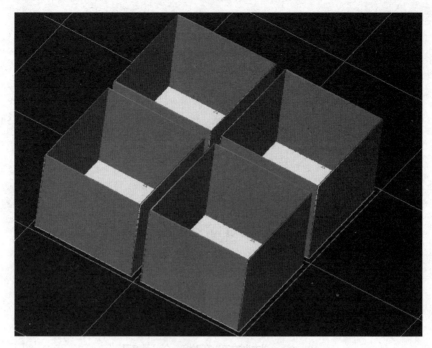

图 8.3.3　房间装饰三维图

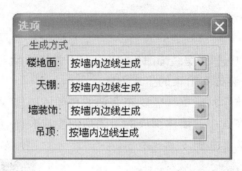

图 8.3.4　选择生成方式

一点,软件自动在该房间生成装饰,可连续布置多个房间,右键退出命令。

特别提示

位于房间中部的洋红色的框形符号 FJS1 为房间的装饰符号,棕红色的向上三角符号 表示天棚,墨绿色的 表示吊顶,土黄色的向下三角符号 表示楼地面。指向墙边线的洋红色空心三角符号 QTJ1 表示墙面、墙裙、墙踢脚,位于内墙线的内侧。

若要修改已布置好的房间装饰,可使用"名称更换"命令,按图纸用已经定义好的房间替换刚生成的房间。

3. 布楼地面

点击左边中文工具栏中 布楼地面 图标,弹出对话框如图 8.3.5 所示。

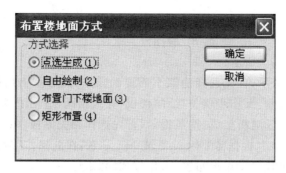

图 8.3.5　布置楼地面方式

　　①点选生成:按照提示,首先选择隐藏不需要的线条,然后点击房间边界内某点,以确定楼地面边界。②自由绘制:操作步骤与任务 5 的"绘制楼板"完全相同,适用于没有生成房间的楼地面也需要布置装饰的情况;自由布置的楼地面装饰符号为向下指向的实心三角形 **DMS1**,名称为所选择布置的楼地面装饰名称。③布置门下楼地面:按照提示,选择需要布置的门,确定,在其下自动生成一块自由绘制的楼地面,该楼地面长度等于门宽,宽度等于墙厚,适用于需要加算门下楼地面装饰的情况。④矩形布置:操作方式同任务 5 的"矩形布板"。

　　4.布天棚

　　点击左边中文工具栏中 **布 天 棚** 图标,弹出对话框如图 8.3.6 所示。

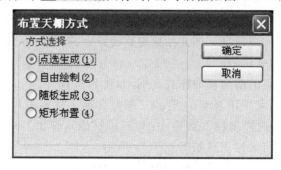

图 8.3.6　布置天棚方式

　　①点选生成:按照提示,首先选择隐藏不需要的线条,然后点击房间边界内某点,以确定天棚边界。②自由绘制:操作步骤与"绘制楼板"完全相同,适用于没有生成房间的天棚也需要布置装饰的情况。③随板生成:按照提示,首先选择相关的板,命令行提示"是否按外墙外边线分割 Y/N:<N>",根据需要输入 Y 或 N。注意:在此操作前须先形成外墙外边线,否则无法分割成几块天棚。④矩形布置:操作方式同"矩形布板"。

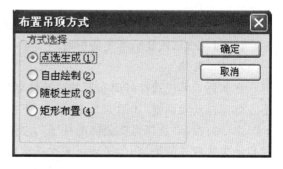

图 8.3.7　布置吊顶方式

5.布吊顶

点击左边中文工具栏中 布 吊 顶 图标,弹出对话框如图8.3.7所示。

①点选生成:按照提示,首先选择隐藏不需要的线条,然后点击房间边界内某点,以确定吊顶边界。②自由绘制:操作步骤与"绘制楼板"完全相同,适用于没有生成房间的吊顶也需要布置装饰的情况。③随板生成:按照提示,首先选择相关的板,命令行提示"是否按外墙外边线分割 Y/N:<N>",根据需要输入 Y 或 N。注意:在此操作前须先形成外墙外边线,否则无法分割成几块吊顶。④矩形布置:操作方式同"矩形布板"。

6.墙面装饰

图 8.3.8 选择墙裙、踢脚线

在属性工具栏选择好要布置的墙装饰名称,点击中文工具栏中 墙面装饰图标,界面右下角弹出浮动对话框,如图8.3.8所示,下拉选择墙裙、踢脚线类型。

命令行提示"选择对象",左键点选需要布置装饰的墙边线,软件会在该墙线上自动生成所选择的装饰,命令重复,可多次选取墙边线布置,按 Esc 键退出命令。

布置的墙装饰表示为指向墙边线的洋红色空心三角符号 NQM1,名称为所选择的墙装饰名称。

特别提示

内墙面、外墙面、墙裙、踢脚线的基层、面层计算项目可以选择"扣砼柱(不扣重叠边线)""扣梁(不扣重叠边线)"扣减项目。在此扣减规则设置中,当墙面装饰和柱边线重叠时,不扣除重叠的装饰,如图8.3.9所示。

不同墙体材质所布置的墙面装饰样式区别,如图8.3.10所示。

墙面支持三维材质(需 VIP 验证),墙面三维可自定义材质图片个性化显示,更逼真美观。在布置墙面装饰时,选择属性参数栏中的"三维材质",弹出"本工程三维材质库"对话框,导入材质(也可以自定义材质),如图8.3.11所示。

确定后布置墙面装饰,选择相对应的材质,点击【视图】—【三维材质】—【显示】,如图8.3.12所示。在三维状态下就可以看到不同材质的区别,如图8.3.13所示。

设置显示材质后,关闭软件或切换工程前均可三维显示出材质,直到隐藏材质、关闭软件或切换工程。

支持三维材质显示的相关构件:内墙面、外墙面、墙裙、踢脚线、柱面、柱裙、柱踢脚。

注意:三维材质显示不支持折墙的墙裙与踢脚线。

7.柱面装饰

在属性工具栏选择好要布置的柱装饰名称,点击中文工具栏中 柱面装饰图标,界面右下角弹出浮动对话框,如图8.3.14所示,下拉选择柱裙、柱踢脚类型。

命令行提示"选择需要装饰的柱子",左键点选或者框选需要装饰的柱子,右键确定,软件自动生成柱子装饰,命令循环可多次选取柱子,按 Esc 键退出命令。布置生成的柱装饰表示为指向柱边线的洋红色三角符号,如图8.3.15所示。

图 8.3.9　选择扣减项目

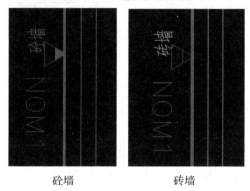

砼墙　　　　　　　砖墙

图 8.3.10　墙面装饰样式区别

8.绘制装饰

在属性工具栏选择好要绘制的装饰，点击左边中文工具栏中 ✎ **绘制装饰** 图标。

命令行提示"第一点【R－选参考点】"，这时点选需要绘制装饰的起点（或输入 R 选择参考点）；命令行提示"确定下一点【A－圆弧,U－退回】＜回车结束＞"，点选绘制装饰的下一点，（或输入 A 绘制圆弧，此时命令行提示"确定圆弧中间一点"，点选圆弧中间一点，再点选圆弧终点），命令提示循环，可连续绘制多段装饰。

自由绘制的墙体分为两种情况：①装饰边线处没有可依附墙体，装饰读取楼层信息，图标全实心，如图 8.3.16 所示；②装饰边线处有可依附墙体，则刷新墙面与墙体依附关系，读取墙体信息，图标半空心，如图 8.3.17 所示。

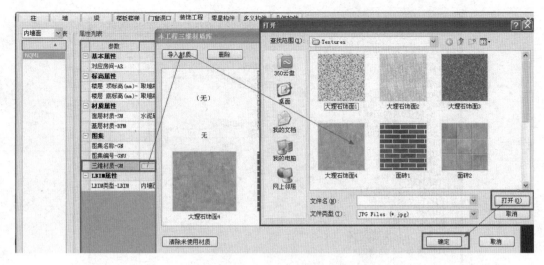

图 8.3.11　导入材质

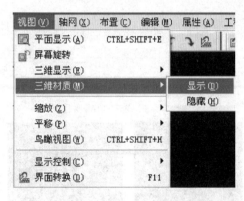

图 8.3.12　菜单选择

特别提示

本命令仅支持外墙面、内墙面和柱面装饰的自由绘制。自由绘制的装饰将使用本身的属性信息,不会读取其所处位置的墙体或柱构件的信息。

9.布保温层

点击左边中文工具栏"装饰"命令中的 布保温层 图标,布置方法同"墙面装饰"。布置后,墙面保温层显示为 BWQ1 ,名称为所选择的保温层名称,如图 8.3.18 所示。

10.绘保温层

点击左边中文工具栏"装饰"命令中的 绘保温层 图标,方法同"绘制装饰"。

11.外墙装饰

点击左边中文工具栏中 外墙装饰 图标,出现如图 8.3.19 所示的对话框。

在这里选择外墙装饰的墙面、墙裙和踢脚的名称即可,点击"进入属性"按钮可进入属性定义界面修改装饰的属性定义。点击"确定"按钮,软件自动搜索外墙外边线并生成外墙装饰。生成的外墙装饰表示为指向墙边线的洋红色空心三角符号 WQM1 ,名称为所选择的外

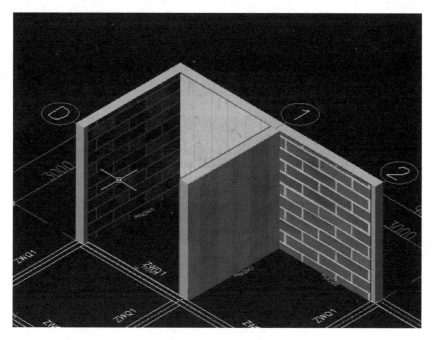

图 8.3.13　三维材质显示

图 8.3.14　选择柱裙、柱踢脚

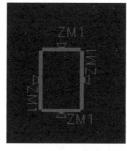

平面　　　　　　　　　　三维

图 8.3.15　柱装饰

图 8.3.16　装饰图标全实心

图 8.3.17　装饰图标半空心

图 8.3.18　布保温层

图 8.3.19　"选构件名称"对话框

墙装饰名称。

特别提示

生成外墙装饰的操作必须在形成或绘制完外墙外边线后才能进行。外墙面与内墙面的计算规则是不一样的,外墙装饰应该选用外墙面的内容。

12.外墙保温

点击左边中文工具栏"装饰"命令中的 外墙保温 图标。外墙保温层布置方式如图8.3.20 所示。

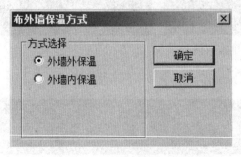

图 8.3.20　外墙保温层布置方式

选择需要布置的外墙保温形式后,点击"确定",软件会自动将相应的外墙保温布置在图形上。

特别提示

保温层可以读取墙的属性,随墙布置,还可以在保温层上再布其他装饰。

保温层新增扣减项目:扣梁、扣梁(不扣重叠边线)、扣圈梁、扣圈梁(不扣重叠边线),如图 8.3.21 所示。

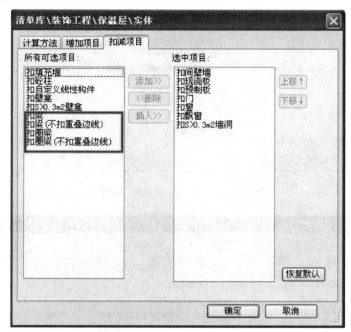

图 8.3.21　保温层新增扣减项目

13.生成立面

主体构件绘制完成后,可根据主体构件生成外墙立面装饰。支持的主体构件有:砼外墙、砼内墙、砖外墙、砖内墙、电梯井墙,框架梁、独立梁、次梁、圈梁,砼柱、砖柱等。

点击左边中文工具栏中 生成立面 图标,弹出如图 8.3.22 所示对话框。可以选择楼层生成立面装饰,并可以在柱面生成规则、梁面生成规则中选择生成柱面、梁面装饰的条件,在生成洞口构件中可以选择需要扣除的构件。

点击 高级>> 按钮,可在如图 8.3.23 所示对话框中选择生成墙、柱、梁、板实体,辅助查看、绘制三维外墙立面装饰。能生成构件实体的前提是该构件符合上述生成立面装饰所设置的条件。

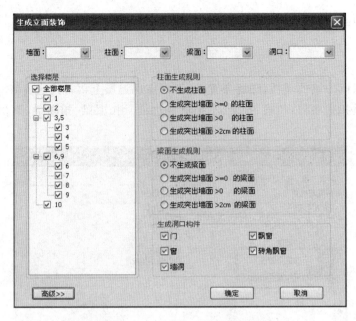

图 8.3.22 "生成立面装饰"对话框

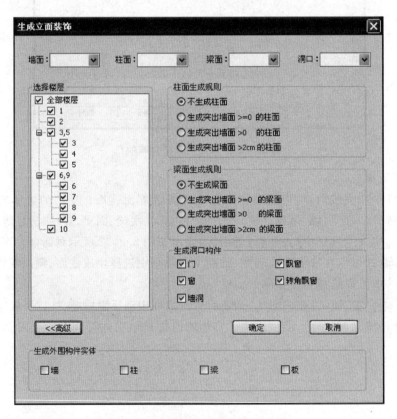

图 8.3.23 选择生成外围构件实体

在生成立面之后,立面装饰将单独形成一张 dwg 图纸,在"楼层选择"中会增加一个"立面装饰层"可供选择,如图 8.3.24 所示,这个楼层在工程设置中是没有的。

图 8.3.24　选择立面装饰层

图 8.3.25　立面装饰命令

当在立面装饰层时,中文工具栏中只显示如图 8.3.25 所示的命令,可以对立面装饰构件进行编辑。

14.展开立面

展开立面功能可选择三维立面装饰,使之进入展开平面状态,在展开平面状态下可使用平面操作方式绘制和修改立面装饰。

点击 **展开立面** 命令,根据命令行提示,选择立面装饰展开起始点,左键选择一个立面装饰,同时根据命令行提示,选择立面装饰展开终止点,再左键选择一个立面装饰,弹出如图 8.3.26 所示对话框。

图 8.3.26　"立面装饰展开"对话框

在图 8.3.26 所示对话框中选择需要展开立面的楼层,并选择展开方向,点击"确定"后,指定立面装饰展开的插入点即可,所选立面装饰根据插入点自动展开成平面状态。同时弹出如图 8.3.27 所示对话框,如果要退出立面展开的状态就单击"退出立面展开状态"。

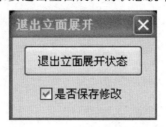

8.3.27　退出立面展开状态

15.退出展开

在展开立面装饰状态下如果想退出此状态,点击 ⬚ 退出展开 图标,弹出如图 8.3.28 所示对话框,如果要保存修改过的立面装饰,点击"是"即可。

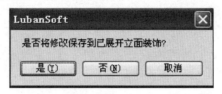

图 8.3.28　选择是否保存修改

退出展开立面状态后,修改的立面装饰可返回至三维立面状态。

16.工作面

工作面可以支持在三维显示的状态下直接编辑修改立面装饰或立面洞口。点击 ⬚ 工 作 面命令,软件弹出工作面对话框,如图 8.3.29 所示,命令行提示选择线,左键点选一根轴线。

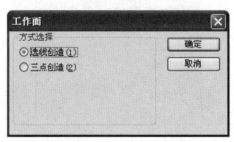

图 8.3.29　"工作面"对话框

选线创造:在工作面状态下,选择图形中任意一根轴线,图形中会显示三维的立面坐标,如图 8.3.30 所示。可以直接用绘制装饰或绘制洞口的方式,布置其装饰,如图 8.3.31 所示。

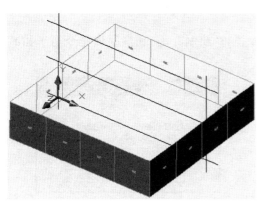

图 8.3.30　显示三维立面坐标

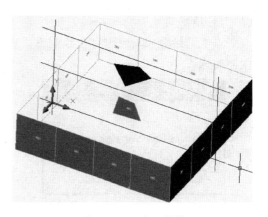

图 8.3.31　布置装饰

三点创造:在工作面状态下,选择任意能确定一个平面的三点,生成一个三维坐标,如图8.3.32 所示。

直接用绘制装饰或绘制洞口的方式,布置其装饰即可,同"选线创造"。

17.退工作面

点击退工作面命令,即可退出工作面状态,如图 8.3.33 所示。

18.绘制立面

该命令是在立面装饰展开之后在展开面上进行装饰的绘制。选择绘制立面命令,弹出绘制方式选择框,如图 8.3.34 所示。

①自由绘制:与其他命令中的自由绘制方

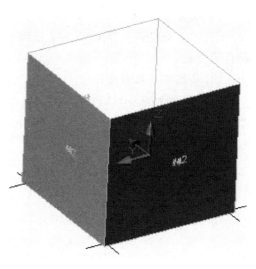

图 8.3.32　生成三维坐标

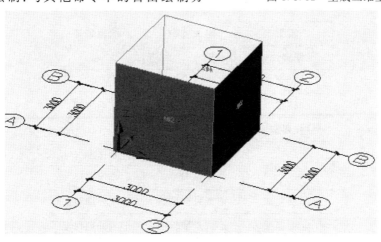

图 8.3.33　退出工作面状态

法相同;②矩形绘制:与其他命令中的矩形绘制方法相同。

19.绘制洞口

点击绘制洞口命令,弹出绘制方式选择框,方式与"绘制立面"相同。该命令用于扣减立面装饰。

图 8.3.34 "绘制方式"对话框　　　　图 8.3.35 "立面显示模式"对话框

20.立面显示

点击"立面显示",弹出"立面显示模式"对话框,如图 8.3.35 所示,用户可以自主选择立面显示模式。

21.属性工具栏布装饰

按下键盘上的 Ctrl 键,鼠标左键单击需要布置的装饰构件,即可以开始使用上一次的布置命令,布置该构件。第一次使用时使用默认命令布置装饰,上一次使用的命令必须是表8.3.1 中支持的命令。

表 8.3.1　布装饰命令

构件类型	默认命令	支持命令
楼地面	布楼地面	布楼地面
天棚	布天棚	布天棚
吊顶	布吊顶	布吊顶
墙面	墙面装饰	墙面装饰
墙裙		
踢脚线		
柱面	柱面装饰	柱面装饰
柱裙		
柱踢脚		
保温层	布保温层	布保温层
	绘保温层	绘保温层
外墙装饰	形成外墙装饰	形成外墙装饰
外墙保温	形成外墙保温	形成外墙保温

【在线测试】

在线测试

【任务训练】

完成 A 办公楼工程二层的装饰装修的 BIM 建模。

任务 9　屋面构件建模

【学习目标】

1. 完成屋面板识图及属性定义；
2. 能根据图纸绘制本层屋面板；
3. 掌握屋面板的布置方法。

【任务导入】

　　本工程为上海某厂项目 A 办公楼，该工程为地上 5 层、地下 1 层的办公楼工程，建筑高度为 22m，总建筑面积为 5795m²，结构类型为框架结构，基础类型为桩基承台，该工程的屋面构件建模参见"结施-26A""结施-27A"图纸以及建筑设计说明和结构设计说明。

【任务实施】

9.1　屋面装修建模

视频 9.1

1. 屋面装修

（1）分析图纸

分析图纸"结施-26A"及建筑设计说明，可以得到屋面构造做法，如表 9.1.1 所示。

表 9.1.1　屋面构造做法

屋面	屋面 1 不上人屋面	1）反光涂料保护层
		2）高聚物改性沥青防水卷材（SBS）6mm 厚（3mm 厚两道）
		3）15mm 厚 1∶3 水泥砂浆保护层
		4）发泡水泥板 110mm 厚
		5）发泡混凝土找坡层，最薄处 40mm 厚
		6）钢筋砼屋面板

续表

屋面	屋面 2 上人屋面	1)40mm 厚 C20 细石防水砼,6@200 双向,6m² 做强度缝 2) 高聚物改性沥青防水卷材(SBS)6mm 厚(3mm 厚两道) 3) 15mm 厚 1:3 水泥砂浆保护层 4) 发泡水泥板 110mm 厚 5) 发泡混凝土找坡层,最薄处 40mm 厚 6) 钢筋砼屋面板

由表 9.1.1 看出屋面分为不上人屋面和上人屋面,且构造层次做法基本相同。

(2)构件的属性定义

打开鲁班软件,切换图层至 5 层,打开左侧菜单栏"装饰工程"选择"屋面"双击,弹出属性定义界面,根据屋面 2 上人屋面的构造做法,修改信息,如图 9.1.1 所示。

图 9.1.1　屋面属性定义

特别提示

屋面保温层:由于保温层没有发泡水泥板材料,暂时可以先用聚氨酯代替。

(3)构件的布置

打开鲁班软件,切换图层至 5 层,在左侧属性菜单栏点击"布 屋 面",弹出"布置屋面方式"对话框。首先选择"随板生成",左击选择已布置好的现浇板,右击确定,命令行提示:"是否按外墙外边线分割 Y/N:<N>",选择"否",回车即可。如图 9.1.2 和图 9.1.3 所示。

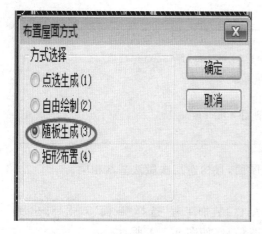

图 9.1.2 "布置屋面方式"对话框

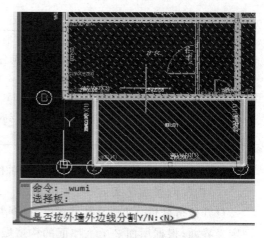

图 9.1.3 "随板生成"布屋面

进而屋面已布置上去,此时我们可以选择把板隐藏,然后看此时已布置的屋面,如图 9.1.4 所示。

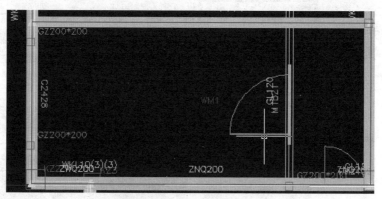

图 9.1.4 隐藏板

其次我们可以选择"矩形布置",然后从轴线左上角的交点框选至轴线右下角的交点处,右击确定即可,如图 9.1.5 所示。

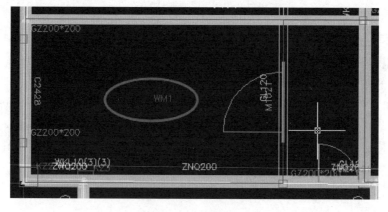

图 9.1.5 矩形布置

最后设置屋面翻边,左侧菜单栏选择"设置翻边",左击选择屋面,再左击选择设置屋面的边,然后输入上翻的高度"250",按回车即可,如图 9.1.6 所示。

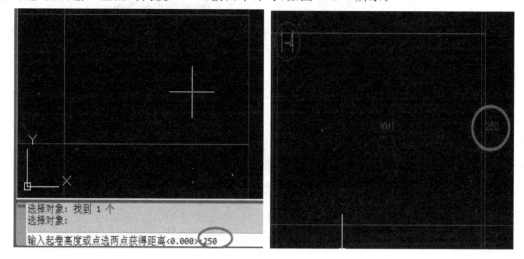

图 9.1.6　设置屋面翻边

2.屋面板

屋面板的绘制方法同楼板,这里不重复讲解。

特别提示

遇到坡屋顶,首先形成外墙外边线,再形成屋面轮廓线,接着根据屋顶的具体形式形成单坡屋顶、双坡屋顶或多坡屋顶,最后将墙体、柱子、梁随坡屋面板调整到相应的位置,用"随板调高"命令来处理。

在屋顶布置中多坡屋顶和布屋面之间有条黑线表示屋面板和屋面装修的分界线。

9.2　屋面命令详解

视频 9.2

1.形成轮廓

点击左边中文工具栏中"形成轮廓"图标。①命令行提示"请选择包围成屋面轮廓线的墙",框选包围形成屋面轮廓线的墙体,右键确定;②命令行提示"屋面轮廓线的向外偏移量<0>",输入屋面轮廓线相对墙外边线的外扩量(软件会自动记录上一次形成屋面轮廓线时输入的偏移尺寸,具体体现在命令行中),右键确定,"形成轮廓"命令结束。

注意:包围形成屋面轮廓线的墙体必须封闭。

2.绘制轮廓

点击左边中文工具栏中"绘制轮廓"图标。①命令行提示"请选择第一点[R－选择参考点]",左键选取起始点;②命令行提示"下一点[A－弧线,U－退回]<回车闭合>",依次选取下一点,绘制完毕回车闭合,绘制屋面轮廓结束。

3. 单坡屋板

点击左边中文工具栏中 单坡屋板 图标。①命令行提示"请选择坡屋面轮廓线",左键选取一段需要设置的坡屋面轮廓线,右键确定;②命令行提示"输入高度",输入屋面板高度,右键确定;③命令行提示"输入坡度角:[Ⅰ-坡度]",输入屋面板坡度角(输入Ⅰ确定,切换输入坡度),右键确定,软件自动生成单坡屋面板,如图9.2.1所示。

4. 双坡屋板

点击左边中文工具栏中 双坡屋板 图标。①命令行提示"请选择坡屋面轮廓线",左键选取第一段需要设置的坡屋面轮廓线,右键确定;②命令行提示"输入高度",输入该屋面

图 9.2.1 单坡屋面板

板高度,右键确定;③命令行提示"输入坡度角:[Ⅰ-坡度]",输入该屋面板坡度角(输入Ⅰ确定,切换输入坡度),右键确定;④命令行提示"请选择坡屋面轮廓线",左键选取另外一段需要设置的坡屋面轮廓线,右键确定;⑤命令行提示"输入高度",输入该屋面板高度,右键确定;⑥命令行提示"输入坡度角:[Ⅰ-坡度]",输入该屋面板坡度角(输入Ⅰ确定,切换输入坡度),右键确定,软件自动生成双坡屋面板,如图9.2.2所示。

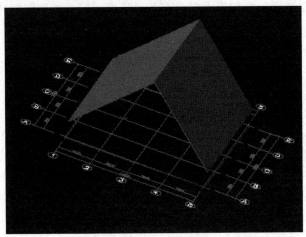

图 9.2.2 双坡屋面板

5. 多坡屋板

点击左边中文工具栏中 多坡屋板 图标。①命令行提示"选择对象:",左键选取需要设置成多坡屋面板的坡屋面轮廓线,弹出"坡屋面板边线设置"对话框,如图9.2.3所示。

图 9.2.3 "坡屋面板边线设置"对话框

②设置好每个边的坡度和坡度角,点击"确定"按钮,软件自动生成多坡屋面板,如图 9.2.4 所示。

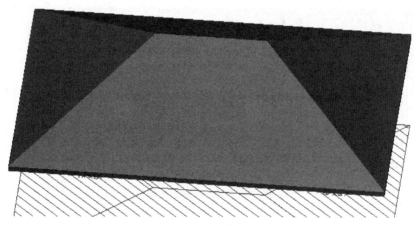

图 9.2.4 多坡屋面板

6.布屋面

屋面主要是指屋面的构造层,屋面的结构层可以使用"自动形成板""绘制楼板"等命令生成。点击左边工具栏中的 布屋面 命令,弹出如图 9.2.5 所示对话框。若选择"随板生成"方式,命令行提示"选择板",选择斜板,则生成相应的自动随斜板变斜的屋面,如图 9.2.6 所示。

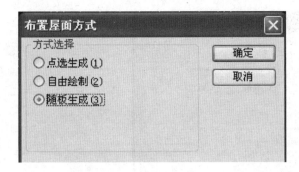

图 9.2.5 "布置屋面方式"对话框

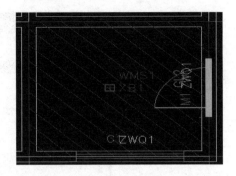

图 9.2.6 生成屋面

若选择"自由绘制",则我们可以依次按墙的边线绘制出屋面,如图 9.2.7 所示。

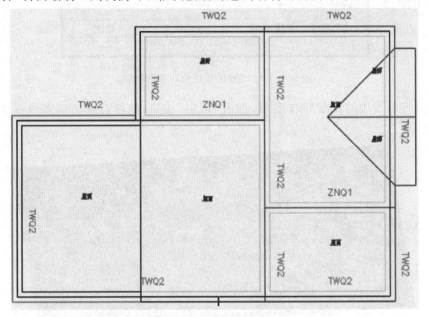

图 9.2.7 自由绘制屋面

在布置屋面装饰时,选择属性参数栏中"三维材质",弹出"本工程三维材质库"对话框,导入材质(也可以自定义材质),如图 9.2.8 所示。

确定后布置墙面装饰,选择相对应的材质,点击菜单【视图】-【三维材质】-【显示】,如图 9.2.9 所示。在三维状态下就可以看到不同材质的区别,如图 9.2.10 所示。

设置显示材质后,关闭软件或切换工程前均可三维显示出材质,直到隐藏材质、关闭软件或切换工程。

7.设置翻边

点击左边中文工具栏中的设置翻边图标。①命令行提示"请选择设置起卷高度的构件",算量平面图形中只显示屋面,其余构件被隐藏,左键选取要设置起卷高度的屋面,被选中屋面的边线变为红色。②命令行提示"请选择要设置起卷高度的边",左键框选此屋面要起卷的边,可以多选,选好后回车确认。③命令行提示"请输入起卷高度或点选两点获得距

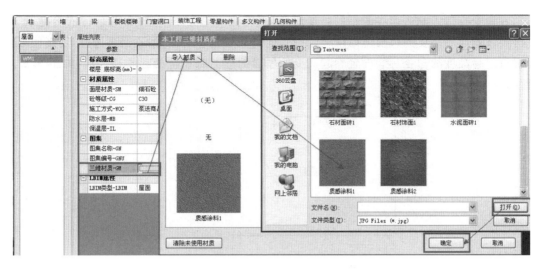

图 9.2.8　导入材质

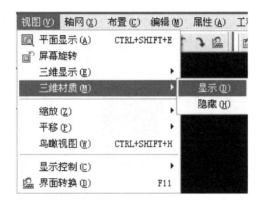

图 9.2.9　菜单选择

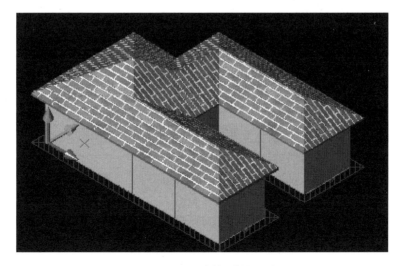

图 9.2.10　不同材质的区别

离",在命令行输入此边起卷的新的高度值,回车确认。④命令不结束,命令行依然提示"请选择要设置起卷高度的边",可以继续选择其他屋面要起卷的边,如不需再选择,直接回车退出设置起卷高度的命令。⑤设置卷起高度的屋面的边上有相应的起卷高度值,如图 9.2.11 所示。

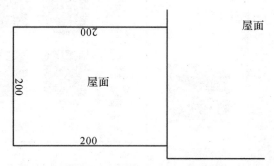

图 9.2.11　设置卷起高度的屋面

8.属性工具栏布屋面

按下键盘上的 Ctrl 键,鼠标左键单击需要布置的装饰构件,即可以开始使用上一次的布置命令布置该构件。第一次使用则使用默认命令布置装饰。

【在线测试】

在线测试

【任务训练】

完成 A 办公楼工程的屋面的 BIM 建模。

【能力拓展】

按照下图中屋面的平面和立面图,屋顶板板厚 400mm,其他尺寸参考平立面自定,完成屋面的 BIM 建模。

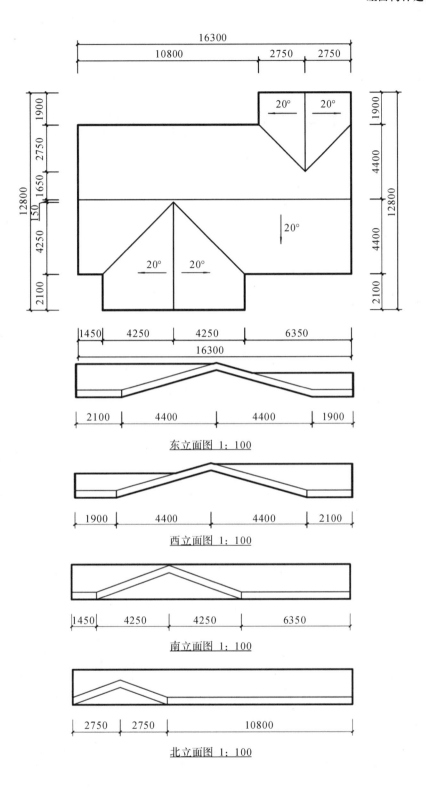

东立面图 1：100

西立面图 1：100

南立面图 1：100

北立面图 1：100

任务 10　零星构件建模

【学习目标】

1. 完成零星构件的识图及属性定义;
2. 能根据图纸绘制零星构件的图元;
3. 能够灵活处理零星构件插入点的设置。

【任务导入】

本工程为上海某厂项目 A 办公楼,该工程为地上 5 层、地下 1 层的办公楼工程,建筑高度为 22m,总建筑面积为 5795m²,结构类型为框架结构,基础类型为桩基承台,零星构件详见节点详图;本工程中的零星构件有空调板(三种)、雨篷(一种)、女儿墙(四种)、台阶(四种)、散水和坡道。

【任务实施】

10.1　空调板建模

视频 10.1

1. 分析图纸

根据"结施-21A"图纸,识读空调板大样图一和图二,根据"结施-22A"图纸,识读空调板大样图一和图三,根据图纸明确空调板有三种类型。

2. 属性定义

在属性工具栏中下拉选择"零星构件","零星构件"下拉选择"自定义线性构件",鼠标左键双击"ZDYX1",自动弹出属性定义界面,分别定义空调板大样图一和空调板大样图三。在属性列表中修改工程顶标高分别为 4450mm 和 1900mm,混凝土等级为 C30,在截面预览区绘制截面形式。空调板的属性定义如图 10.1.1 和 10.1.2 所示,完成后关闭界面。

特别提示

由于空调板大样图一为三面设置,为了使空调板的绘制方便简单,建议空调板的插入点设置在大样图的外沿、楼层标高的位置;空调板大样图一为绘图方便,设置在外墙外侧楼层标高处即可。

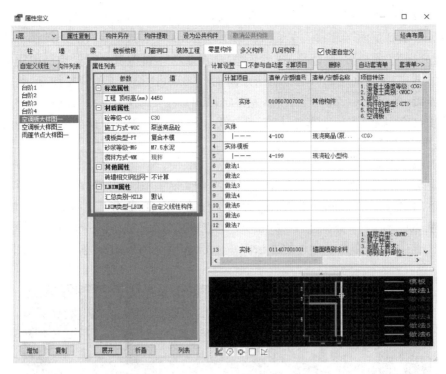

图 10.1.1　空调板大样图一属性定义

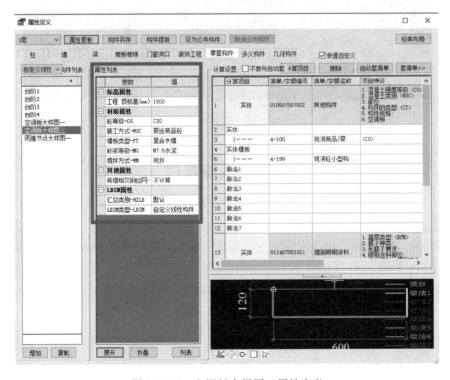

图 10.1.2　空调板大样图三属性定义

自定义线性构件的截面大样图有两种方式,分别为绘制截面和提取 CAD,操作方法分别为:①点击"绘制截面" ⊙ 图标,在绘图区的上方会出现 ▭ ○ ▱ ╱ ⌒ 图标,此图标为断面绘制的方式,分别为"画矩形、画圆形、画多义线、画直线与画弧",根据需要绘制的图形的特点选择相应的方式,在断面绘制区域绘制任意断面。②点击"提取 CAD" ┗ 图标,软件自动跳转到图形界面,光标由十字形变为方框,左键选取图形中的线段,注意要选择能够形成封闭区域的线段且比例为 1∶1;回车确认,左键在图中点取一点作为断面的插入点;回到"属性定义"对话框,关闭即可。

3. 空调板的布置

属性定义完毕后,以 1 号与 B 号轴交点处空调板大样图一为例,单击左边中文工具栏零星构件下的"布檐沟"按钮,沿着逆时针方向选择第一点(B 轴向上 700mm 处),单击确定,下一点向左 700mm,下一点向下 1400mm,下一点向右 1400mm,下一点向上 700mm,回车确定,即完成空调板的布置。同样的方法完成一层其他空调板的布置,完成后如图 10.1.3 所示。

图 10.1.3 空调板的布置

10.2 雨篷建模

1. 分析图纸

根据"结施-22A"图纸,识读雨篷节点大样图一,从图纸中可知节点图的绘图比例为 1∶5,雨篷板的顶标高为 3900mm,雨篷上翻 800mm,下翻 200mm,雨篷底板已在板的绘制中完成,故只需要完成雨篷的翻沿部分的节点绘制,节点为半工字形。

视频 10.2

2.属性定义

由于雨篷为非规则的翻沿,故采用自定义线性构件更加方便。为了 CAD 提取的方便,需要对节点详图进行处理,首先使用直线命令将翻沿轮廓绘制一遍,再使用缩放命令将节点详图按照 0.2 的比例进行缩小。处理完 CAD 节点详图后,在属性工具栏中下拉选择"零星构件","零星构件"下拉选择"自定义线性构件",鼠标左键双击"ZDYX1",自动弹出属性定义界面,定义雨篷节点大样图一。在属性列表中修改工程顶标高为 4450mm,混凝土等级为 C30,在截面预览区提取雨篷截面,如图 10.2.1 所示,点击"提取 CAD"图标,将会自动跳转到图形界面,光标由十字形变为方框,左键+shift 选取翻沿轮廓线,鼠标右键确认,左键选截面的插入点(建议插入点设置在大样图的外沿、楼层标高处),回到属性定义界面,如图 10.2.2 所示,关闭界面。

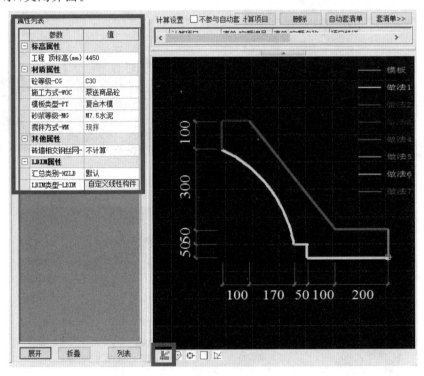

图 10.2.1　提取雨篷截面

3.雨篷的布置

属性定义完毕后,单击左边中文工具栏"零星构件"下的"布檐沟"按钮,沿着顺时针方向从 1-1 和 1-B 轴附近开始沿着雨篷三面梁的外边线绘制,最后回车确定,即完成雨篷的布置,如图 10.2.3 所示。

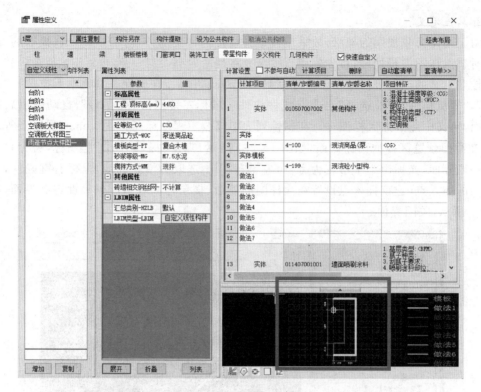

图 10.2.2 属性定义界面

图 10.2.3 雨篷布置

10.3　台阶建模

视频 10.3—10.4

1.分析图纸

根据"建施-3A""建施-8"图纸以及 1-1 剖面图可知台阶有四个,分别位于 3 轴、6 轴、9 轴、1-1 轴处,台阶踏步的踏面宽均为 300mm,踢面高均为 143mm,平台的顶标高均为 －15mm,台阶平台的长宽分别为 1200mm 和 2700mm、2700mm 和 3498mm、1200mm 和 4900mm、1800mm 和 9000mm。

2.属性定义

以 3 轴台阶为例,在属性工具栏中下拉选择"零星构件","零星构件"下拉选择"自定义线性构件",鼠标左键双击"ZDYX1",自动弹出属性定义界面,定义"台阶 1",在属性列表中修改工程顶标高为－15mm,混凝土等级为 C30,在截面预览区绘制截面形式,台阶的属性定义如图 10.3.1 所示,完成后关闭界面。

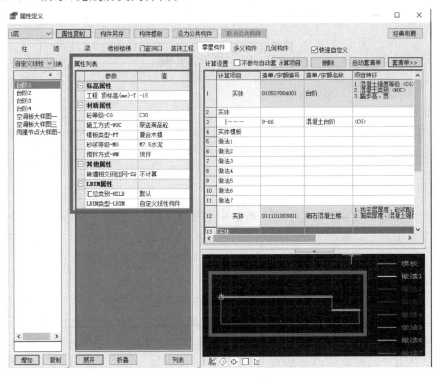

图 10.3.1　台阶的属性定义

特别提示

台阶的插入点位置需要与属性定义的标高值一致,如果三面踏步的台阶建议插入点设置在最上一步的踢面处。绘制台阶是插入点右侧沿着前进方向的右侧布置。

3.台阶的布置

属性定义完毕后,单击左边中文工具栏"零星构件"下的"布檐沟"按钮,沿着逆时针方向从 A 轴开始沿着外墙体外边线绘制,第一个点为 A 轴向上 700mm,第二点为 A 轴向上 2700mm,回车确定,即完成台阶 1 的布置,完成后的三维模型如图 10.3.2 所示。

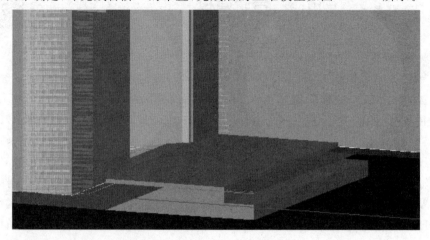

图 10.3.2 台阶三维模型

10.4 散水建模

1.分析图纸

根据"建施-3A"图纸一层平面布置图,识读散水节点详图,从图纸中可以明确散水的宽度为 600mm,具体详见标准图集 02J003。

2.属性定义

在属性工具栏中下拉选择"零星构件","零星构件"下拉选择"散水",鼠标左键双击"SS1",自动弹出属性定义界面,在属性列表中修改工程顶标高为−300mm,在截面预览区双击选择混凝土散水并修改宽度为 600mm,散水的属性定义如图 10.4.1 所示,完成后关闭界面。

3.散水布置

在左侧中文工具栏点击"零星构件"下的"布散水"按钮,在弹出的对话框中选择"自动生成"方式,散水围绕外墙一圈自动生成。但是有台阶的地方也自动布置上去了,所以根据实际情况并不符合要求,故在工具栏一列选择"构件分割" ⊿ 命令,左击选择 1-C 轴外墙外边线至 1-B 轴外墙外边线需要割断的地方,点选成矩形形状,右击确定,并按 ESC 键退出,然后再左击选择被分割的散水,进行删除。完成后如图 10.4.2 所示。

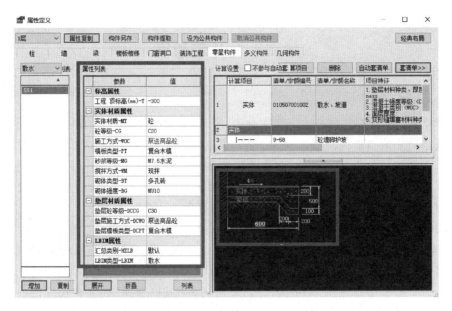

图 10.4.1　散水的属性定义

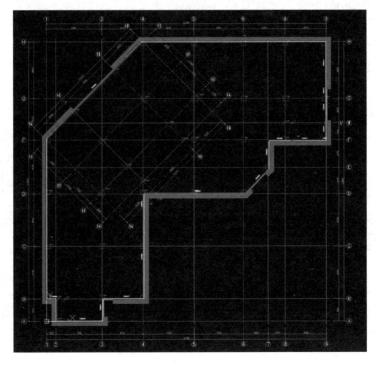

图 10.4.2　散水布置

特别提示

其余三部分台阶处的散水删除方法同以上操作步骤。

10.5　女儿墙建模

1.分析图纸

根据"结施-26""结施-28A"以及"建施-6"图纸,识读女儿墙大样图一、图二、图三和图四,从图纸中可知节点图的绘图比例为1∶5,由五层屋顶平面图可知,大样图一位于空调板所在位置,大样图二位于其他位置,女儿墙压顶的顶标高为21700mm,引出屋面平面图中,1-B与1-C轴线以及1-1所在轴线上的女儿墙为图三,1-2、1-3、1-4所在轴线的女儿墙为图四,具体节点见节点详图。

2.属性定义

为了CAD提取的方便,需要对节点详图进行处理。首先使用直线命令将翻沿轮廓绘制一遍,再使用缩放命令将节点详图按照0.2的比例进行缩小。处理完成CAD节点详图后,在属性工具栏中下拉选择"零星构件","零星构件"下拉选择"自定义线性构件",鼠标左键双击"ZDYX1",自动弹出属性定义界面,定义"女儿墙大样图一"。在属性列表中修改工程顶标高为21700mm,混凝土等级为C30,在截面预览区CAD提取截面,点击"提取CAD"图标,将会自动跳转到图形界面,光标由十字形变为方框,左键+shift选取翻沿轮廓线,鼠标右键确认,左键选截面的插入点,设置在大样图的外沿、女儿墙标高处,回到属性定义界面,如图10.5.1所示。同样的方法完成女儿墙大样图二的属性定义,如图10.5.2所示。

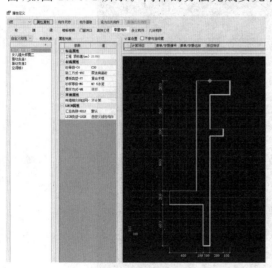

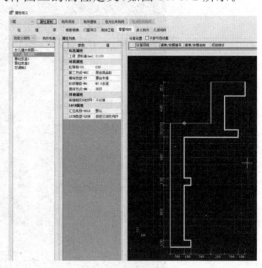

图 10.5.1　女儿墙大样图一属性定义　　　　图 10.5.2　女儿墙大样图二属性定义

3.女儿墙的布置

属性定义完毕后,单击左边中文工具栏"零星构件"下的"布檐沟"按钮,逆时针方向沿着外墙外边线绘制女儿墙大样二,回车确定。女儿墙大样二由于插入点距离外墙皮600mm,故距离外墙600mm。逆时针方向绘制女儿墙大样一,即完成女儿墙的布置,完成后如图10.5.3所示。

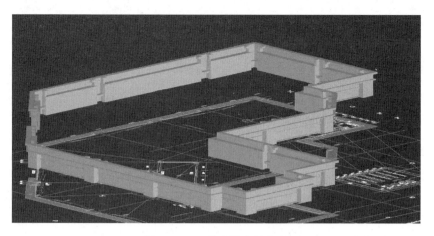

图 10.5.3　女儿墙布置完成

【在线测试】

在线测试

【任务训练】

完成 A 办公楼工程节点详图的 BIM 建模。

任务 11　基础建模

【学习目标】

1. 完成基础的识图及属性定义；
2. 能根据图纸绘制基础层管桩和承台的图元；
3. 掌握管桩顶标高不同、承台在鲁班软件中的处理方法。

【任务导入】

本工程为上海某厂项目 A 办公楼，该工程为地上 5 层、地下 1 层的办公楼工程，建筑高度为 22m，总建筑面积为 5795m²，结构类型为框架结构，基础类型为桩基承台，桩位布置图和承台布置图参见结构施工图；本工程中有 3 种类型的桩和 11 种类型的承台。

【任务实施】

11.1　桩基建模

视频 11.1

1. 分析图纸

根据"结施-02A"图纸，识读桩位平面布置图，根据图纸明确桩有三种类型，分别为 ZH-1、ZH-2 和试桩，管桩的外径为 500mm，壁厚 100mm，桩长 15m，桩总长分别为 30m、27m 和 31m，根数分别为 103、46 和 6 根，混凝土的强度等级均为 C80，ZH-1 桩顶标高为 −1.4m 和 −2.4m，ZH-2 桩顶标高为 −5.1m 和 −5.85m，试桩桩顶标高为 −0.4m。

2. 桩的属性定义

对管桩 ZH-1，楼层切换到 0 层，在属性工具栏中下拉选择"基础工程"，"基础工程"下拉选择"其他桩"，鼠标左键双击"桩"，自动弹出属性定义界面。在属性列表中修改工程顶标高为 −1400mm，混凝土等级为 C80，在截面预览区选择截面形式，选择管桩，单击截面尺寸数字可更改管桩的信息，输入外径 500mm，内径 300mm，桩长 30m。管桩的属性定义如图 11.1.1 所示，完成后关闭界面。

3. 管桩布置

管桩属性定义完毕后，单击左边中文工具栏"基础工程"下的"桩基础"按钮，自动弹出"选择布置方式"对话框，如图 11.1.2 所示。选择"选择插入点"的方式，鼠标左键单击"确定"，根据桩位布置图确定管桩的插入点位置，直接单击鼠标左键即可完成 ZH-1 的布置。

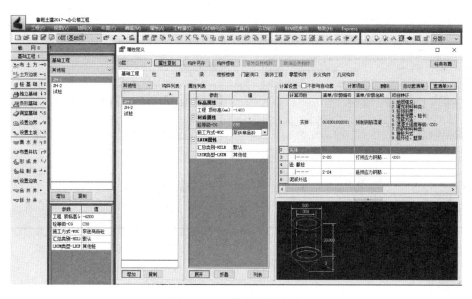

图 11.1.1 桩的属性定义

图 11.1.2 选择布置方式

4. 不同顶标高的处理

由于 ZH-1 中有 8 根局部管桩顶相对顶标高为－2.4m,需要对顶标高进行调整。左键点击▓ 图标,选择顶标高需要调整的 8 个管桩,弹出"高度调整"对话框,如图 11.1.3 所示。

去掉"高度随属性"前的钩,更改工程顶标高为-2400mm,如图 11.1.4 所示,鼠标左键单击"应用",完成对顶标高的调整。

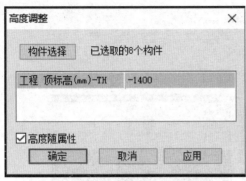

图 11.1.3 "高度调整"对话框

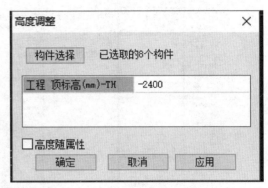

图 11.1.4 更改顶标高

特别提示

其余的管桩均可在 ZH-1 的基础上进行复制或增加并更改属性定义,进而完成所有管桩的布置,如图 11.1.5 所示。

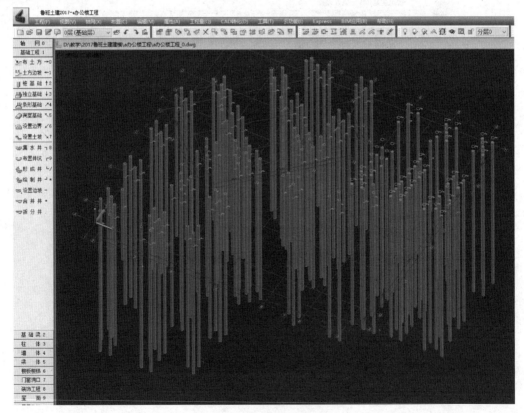

图 11.1.5 管桩布置完成

11.2 承台基建模

1.分析图纸

根据"结施-03A"图纸,识读承台平面布置图,根据图纸明确承台有 11 种类型,分别为 CT1、CT2、CT2a、CT3、CT3a、CT4、CT4a、CT4b、CT5、CT5a 和 CT6,承台的高度均为 1000mm,承台顶标高 1-3 号轴与 1-B、1-C 号轴交接处为 −1.5m,5 号轴与 6 号轴交接处为 −4.95m,6 号到 9 号轴与 F 到 H 号轴交接处为 −4.2m,其余均为 −0.5m;承台的平面形式有矩形和六边形两种,混凝土的强度等级均为 C35,垫层的混凝土的强度等级均为 C15,厚度为 100mm,每边伸出承台 10mm。

视频 11.2

2.承台的属性定义

矩形承台以定义 CT2 为例,楼层切换到 0 层,在属性工具栏中下拉选择"基础工程","基础工程"下拉选择"柱状独立基",鼠标左键双击"CT1",自动弹出属性定义界面,更改承台名称为 CT2,在属性列表中修改厚度为 1000mm,工程顶标高为 −500mm,混凝土等级为 C35,模板类型为复合木模,在截面预览区鼠标左键选择可修改平面尺寸数字,输入长度"2750",鼠标左键单击确定,输入宽度"2750",鼠标左键单击确定,承台的属性定义如图 11.2.1 所示。双击 CT2 下垫层更改相关信息,一般按照默认,厚度 100mm,每边伸出承台 10mm,完成后关闭界面。

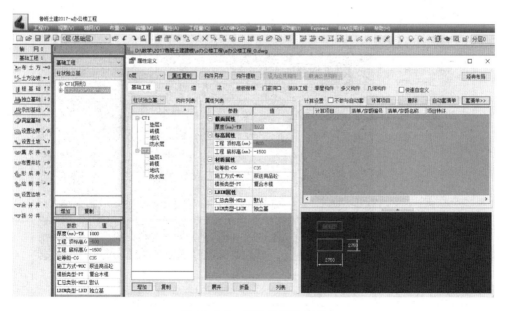

图 11.2.1 CT2 的属性定义

异形承台以定义 CT1 为例,楼层切换到 0 层,在属性工具栏中下拉选择"基础工程","基础工程"下拉选择"柱状独立基",鼠标左键双击"CT",自动弹出属性定义界面,在属性列表中修改厚度为 1000mm,工程顶标高为 −500mm,混凝土等级为 C35,双击截面预览区,

"自定义"下增加 CT1,如图 11.2.2 所示。鼠标左键单击"提取 CAD 图形",返回绘图界面,选择提取 CT1 的边界线,选择 4 号轴和 B 号轴的交点为插入点,单击鼠标左键弹出如图 11.2.3 所示承台截面,鼠标单击确认即完成属性的定义。双击 CT1 下垫层更改相关信息,一般按照默认,厚度 100mm,每边伸出承台 10mm,完成后关闭界面。

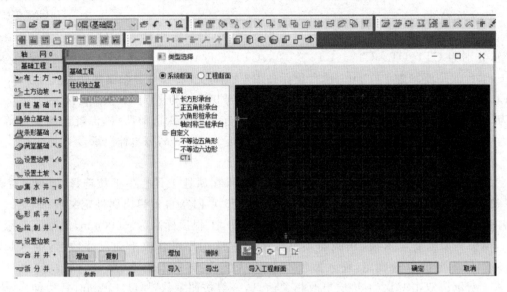

图 11.2.2　CT1 的属性定义

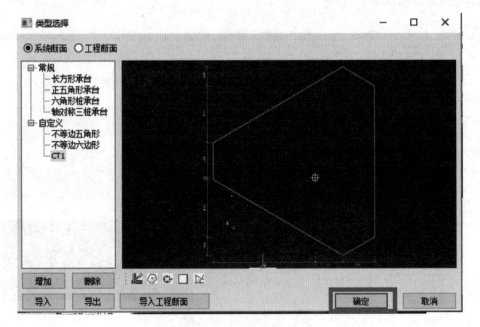

图 11.2.3　承台截面

3.承台布置

承台 CT2 属性定义完毕后,单击左边中文工具栏"基础工程"下的"独立基础"按钮,自动弹出"选择布置方式"对话框,如图 11.2.4 所示。若承台上有柱或有柱名称,可以选择前两种方式,此处选择第一种方式即"图中选择柱"的布置方式,单击"确定"。为了布置的简单,将一层的柱复制到基础层,鼠标左键选择承台对应的柱,鼠标右键确认即可完成 CT2 的布置,如图 11.2.5 所示。

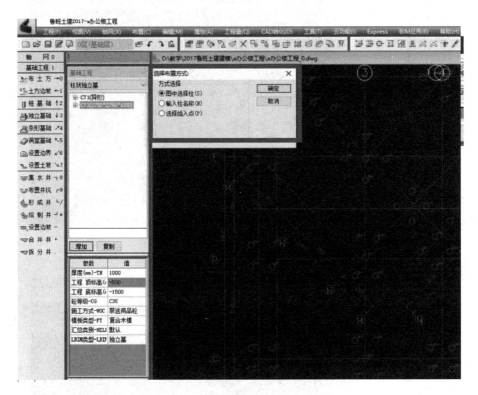

图 11.2.4 选择布置方式

承台 CT1 属性定义完毕后,单击左边中文工具栏"基础工程"下的"独立基础"按钮,自动弹出"选择布置方式"对话框。此处选择第三种方式即"选择插入点"的布置方式,单击"确定",鼠标左键选择 4 号轴和 B 号轴的交点为插入点,鼠标右键确认即可完成 CT1 的布置,如图 11.2.6 所示。

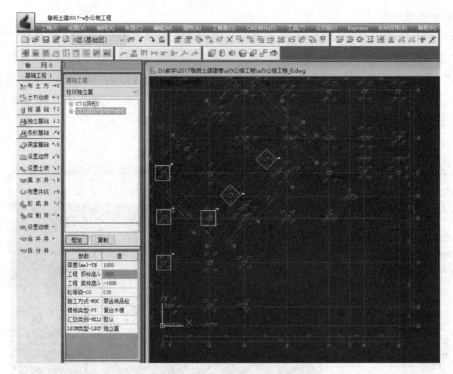

图 11.2.5　CT2 布置完成

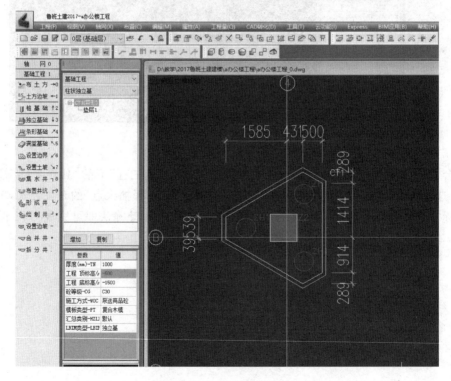

图 11.2.6　CT1 布置完成

4. 不同顶标高的处理

由于CT2中有2个承台顶相对顶标高为−1.5m,需要对顶标高进行调整。左键点击 图标,选择顶标高需要调整的2个承台,弹出"高度调整"对话框,去掉"高度随属性"前的钩,更改工程顶标高为"−1500",如图11.2.7所示,鼠标左键单击"应用",完成对顶标高的调整。

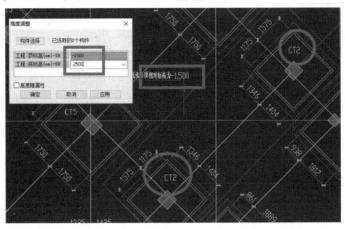

图 11.2.7　调整顶标高

特别提示

其余的承台均可在CT1和CT2的基础上进行复制或增加并更改属性定义,进而完成所有承台的布置,如图11.2.8所示。

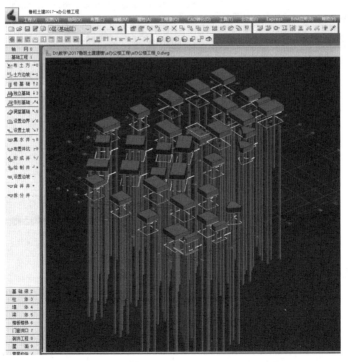

图 11.2.8　承台布置完成

11.3 满堂基、集水井建模

1. 满堂基建模

（1）分析图纸

根据"结施-05A"图纸，识读基础平面布置图，根据图纸明确满堂基础（简称满基）的厚度均为400mm，满堂基础顶标高为-4.2m，满堂基础的平面形式为长方形，混凝土的强度等级为C35，垫层的混凝土的强度等级均为C15，厚度为100mm，每边伸出100mm。

（2）满堂基的属性定义

楼层切换到0层，在属性工具栏中下拉选择"基础工程"，"基础工程"下拉选择"满堂基"，鼠标左键双击"MJ1"，自动弹出属性定义界面，在属性列表中修改厚度为400mm，工程顶标高为-4200mm，混凝土等级为C35，满基类型为地下室底板，满堂基的属性定义如图11.3.1所示。满堂基下防水层为厚度200mm的隔离苯板，其他相关信息一般按照默认，定义完成关闭界面。

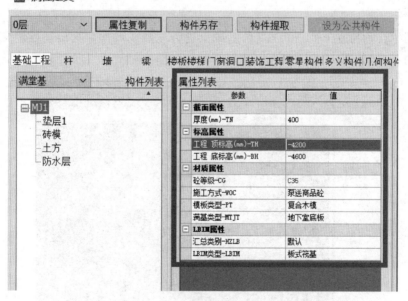

图11.3.1 满堂基属性定义

（3）满堂基布置

满堂基属性定义完毕后，单击左边中文工具栏"基础工程"下的"满堂基础"按钮，自动弹出"选择布置满基方式"对话框，如图11.3.2所示。"自动形成"是在已有墙体的基础上通过从墙体的中心线向外偏移一定距离后自动形成；"自由绘制"是按照确定的满基各个边界点，依次绘制，最后一点回车闭合；"矩形布置"是用鼠标左击一点，再点击另一对角点形成矩形，来确定满基位置及大小。由于满堂基础为矩形，此处选择第四种方式布置，鼠标选择满基所在位置的两个对角线上的点,即可完成满基的布置。

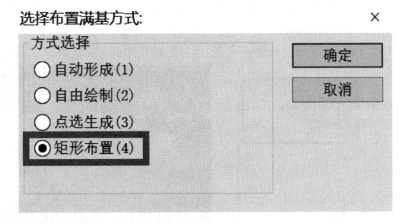

图 11.3.2 "选择布置满基方式"对话框

2. 集水井建模

(1)分析图纸

根据"结施-05A"图纸,识读基础平面布置图和地下室基坑构造,根据图纸明确集水井的底板厚度为 400mm,集水井顶标高为一4.2m,集水井底板顶标高为一5.55m,底板底标高为一5.95m,集水井的井坑深度为 1.35m,井坑为四面等坡,坡度为 60°,外偏距离为 400mm,混凝土的强度等级为 C35。

(2)井坑定义及布置

在完成满堂基之后,在属性工具栏中下拉选择"基础工程","基础工程"下拉选择"井坑",鼠标左键双击"JK1",自动弹出属性定义界面,在属性列表中修改坑深为 1350mm,井坑的属性定义如图 11.3.3 所示,定义完成关闭界面。

属性定义完成后,单击左边中文工具栏"基础工程"下的"布置井坑"按钮,自动弹出"选择坑类型"对话框,如图 11.3.4 所示。选择"异型"可以自由绘制各种井坑,本工程为矩形,故选择第一种布置方式"矩形",鼠标左键单击确定,根据井坑的定位尺寸选择井坑对角线上的两个点,即可完成井坑的布置。

图 11.3.3 井坑属性定义

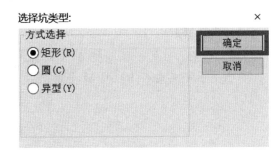

图 11.3.4 "选择坑类型"对话框

（3）形成集水井

在井坑布置后，单击左边中文工具栏"基础工程"下的"形成井"按钮，自动弹出"边坡设置"对话框，选择"全部等坡"，修改底标高为−5950mm，参数"外偏距离"为400mm，坡度角为60°，如图11.3.5所示，鼠标左键单击确定，即可形成集水井，如图11.3.6所示。

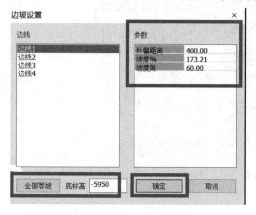

图 11.3.5 边坡设置

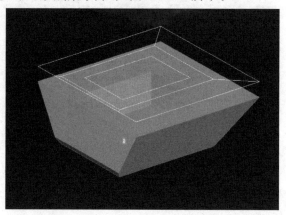

图 11.3.6 形成集水井

特别提示

布置集水井前必须完成满堂基础的布置，当井坑不在满基范围内时，不形成井坑实体。集水井的底标高设置不能超过所在满基的底标高，设置的集水井的底边不能超出满基的边线。形成井时默认底标高数值为"满堂基础顶标高−井坑深−满堂基础厚"。

【在线测试】

在线测试

【任务训练】

完成 A 办公楼工程的基础层管桩、承台、满堂基、集水井以及基础梁构件的 BIM 建模。

【能力拓展】

某工程集水井的平面图和 A-A 剖面图如下所示，满堂基础为矩形，平面与柱外边线平齐，根据下图完成集水井的 BIM 建模。

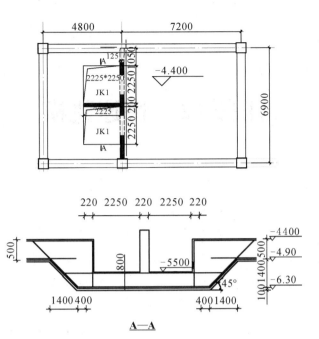

A—A

任务 12　快速建模

【学习目标】

1. 能够正确地进行 CAD 图纸调入；
2. 能够进行楼层表的转化；
3. 能够快速正确地转化 CAD 图纸中轴网、柱、梁、墙体、门窗及基础等构件。

【任务导入】

本工程为上海某厂项目 A 办公楼，该工程为地上 5 层、地下 1 层的办公楼工程，建筑高度为 22m，总建筑面积为 5795m²，结构类型为框架结构，基础类型为桩基承台，CAD 图纸参见施工图。

【任务实施】

12.1　图纸调入

视频 12.1

1. CAD 图纸调入

新建工程，将楼层切换到 0 层，0 层是软件默认基础构建所在的位置，执行下拉菜单"CAD 转化"下"调入 CAD 文件"命令，弹出对话框如图 12.1.1 所示，打开需转换的 dwg 文件，点击"打开"按钮，CAD 图纸即导入鲁班软件，如图 12.1.2 所示。

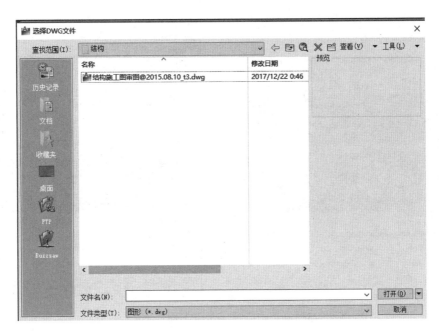

图 12.1.1　选择 dwg 文件

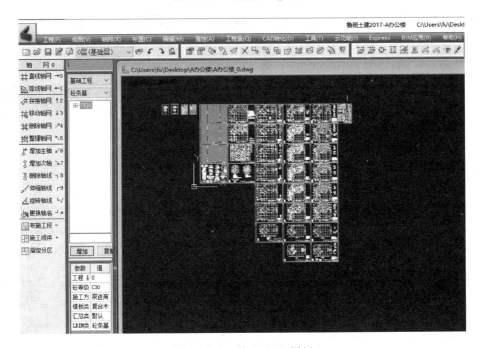

图 12.1.2　导入 CAD 图纸

2.转化楼层表

CAD 图纸导入后,执行"工程"下拉菜单下的"工程设置",选择"楼层设置",如图 12.1.3 所示,此时点击"转化楼层表",回到鲁班界面框选楼层信息表,自动弹出如图 12.1.4 所示对话框,单击"确定"。

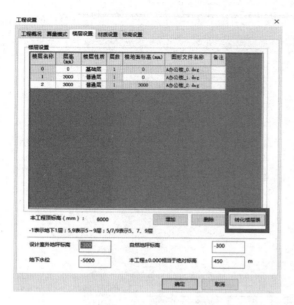

图 12.1.3　楼层设置　　　　　　　图 12.1.4　转化楼层表

3. 多层复制 CAD 图纸

点击 CAD 转化工具条中"CAD 预处理"下的"多层复制 CAD",如图 12.1.5 所示,可分别复制多张 CAD 图纸到各个楼层,弹出对话框如图 12.1.6 所示。

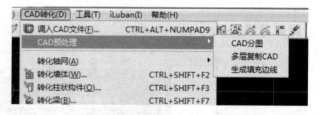

图 12.1.5　选择命令

以柱图为例来讲解多层复制 CAD 图形,如图 12.1.6 所示。鼠标左键单击选择图形列,回到鲁班界面,分别选择对应楼层的柱配筋图,确定插入图形的基点,选择在

图 12.1.6　多层复制 CAD 图形

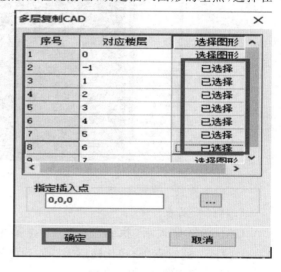

图 12.1.7　选择图形

1 轴与 A 轴的交点处,逐层框选需要复制的 CAD 图形,如图 12.1.7 所示,点击"确定"即可完成多层复制柱 CAD 图纸。完成多层复制后需要对 0 层的 CAD 图纸进行清除,点击 CAD 转化工具条中"清除多余图形",弹出对话框如图 12.1.8 所示,单击"确定"即可。

特别提示

基点的选择要求每张图纸在相同位置,以保证上下层的对应,对于标高 20.100～24.900mm 柱配筋图,由于没有 A 轴,故需要提前确定此点便于捕捉。

12.2 轴网转化

单击菜单栏"CAD 转化",选择"转化轴网",如图 12.2.1 所示。出现"主轴"与"次轴",主轴与次轴的区别为主轴显示在所有楼层,而次轴只显示在当前层,这里选择主轴。

弹出对话框如图 12.2.2 所示。先点击"提取"轴线层,弹出对话框如图 12.2.3 所示,选中轴线,则轴线消失。

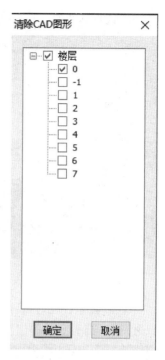

图 12.1.8 消除 CAD 图形

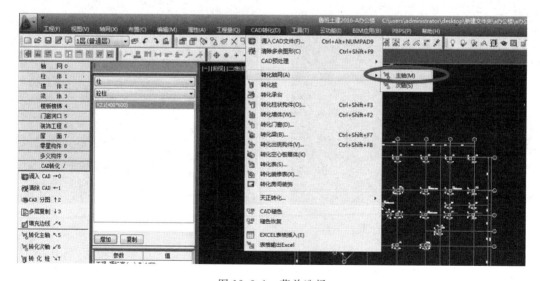

图 12.2.1 菜单选择

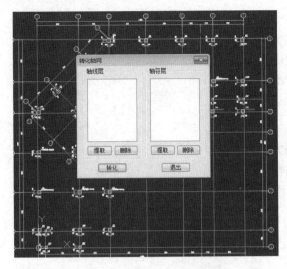

图 12.2.2 "转化轴网"对话框

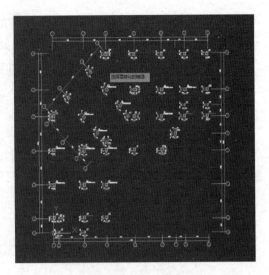

图 12.2.3 提取轴线层

点击鼠标右键,则界面返回到如图 12.2.4 所示界面,点击提取轴符层,标注层包括轴线尺寸等所有信息,轴符层消失,如图 12.2.5 所示。

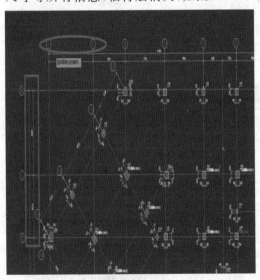

图 12.2.4 返回界面

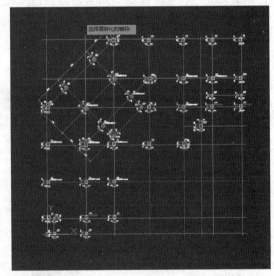

图 12.2.5 轴符层消失

点击鼠标右键,界面视图如图 12.2.6 所示,单击"转化",则完成轴网转化,转化后的界面如图 12.2.7 所示。轴网转化完成后将轴网进行锁定,以免误操作。

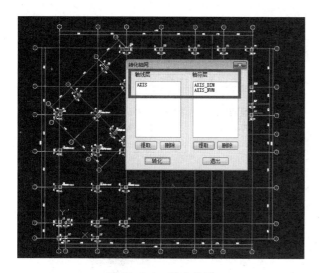

图 12.2.6　转化轴网

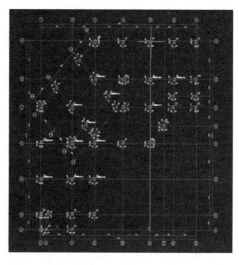

图 12.2.7　轴网转化完成

12.3　柱的转化

视频 12.2
—12.3

　　单击菜单栏"CAD 转化"命令中"转化柱状构件"命令,如图 12.3.1 所示。弹出对话框如图 12.3.2 所示,选择转化柱的类型为"砼柱",转化范围为"当前楼层",先点击提取边线层,返回鲁班绘图界面,鼠标左键选择柱边线,随后柱边线消失,鼠标右键确认,弹出对话框,再点击提取标注层,返回鲁班绘图界面,鼠标左键选择柱的标注尺寸及名称,随后标注消失,标识符为 KZ,点击"转化",如图 12.3.3 所示,点击"确定"即可完成

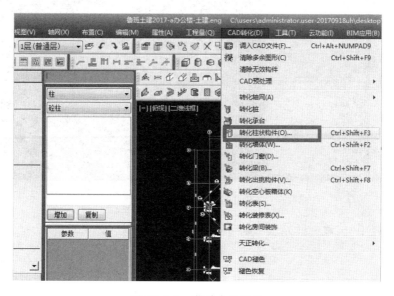

图 12.3.1　菜单命令选择

柱的转化。

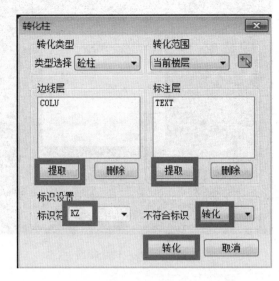

图 12.3.2　转化柱　　　　　　　　　图 12.3.3　转化

转化完成后的界面如图 12.3.4 所示。

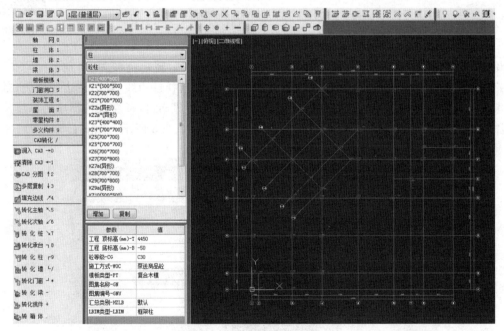

图 12.3.4　转化完成

点击菜单栏中"区域三维显示",则可见柱子三维效果如 12.3.5 所示。

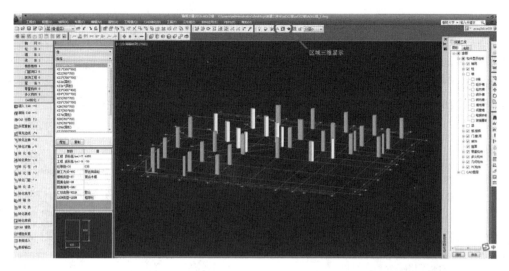

图 12.3.5　柱子三维效果

12.4　梁的转化

视频 12.4

　　单击菜单栏"CAD 转化"命令中"转化梁"命令,如图 12.4.1 所示。弹出对话框,选择转化方式为"根据梁名称和梁边线确定梁尺寸转化",如图 12.4.2 所示,单击"下一步",弹出对话框,转化范围为"当前楼层",先点击提取边线层,返回鲁班绘图界面,鼠标左键选择梁边线,随后梁边线消失,鼠标右键确认,弹出对话框,再点击提取标注层,返回鲁班

图 12.4.1　菜单命令选择

绘图界面，鼠标左键选择梁的标注层，标注层包括所有原位标注、集中标注以及引线的全部内容，随后标注消失，点击"转化"，如图 12.4.3 所示，点击"下一步"，弹出对话框，设置不同梁的标识符，如图 12.4.4 所示。单击"下一步"弹出"集中标注"对话框，如图 12.4.5 所示，可以查看选中梁的名称及断面尺寸，勾选"仅显示无断面的梁"，如图 12.4.6 所示。没有出现梁，说明梁的截面尺寸均正常，点击"转化"按钮，如图 12.4.7 所示，完成梁转化。

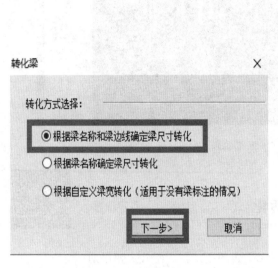

图 12.4.2　转化方式选择

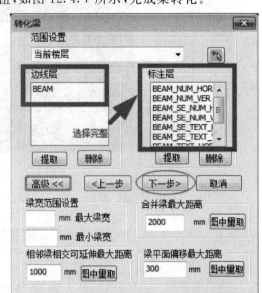

图 12.4.3　转化梁设置

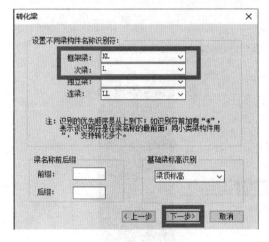

图 12.4.4　设置标识符

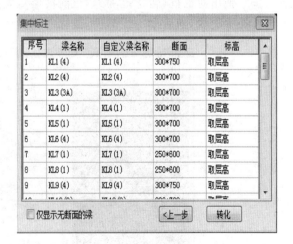

图 12.4.5　"集中标注"对话框

完成梁转化后，图纸中会出现四处红色的梁和 5 号轴线上的 KL23 为空白的梁，这五处梁未转化成功，如图 12.4.8 所示，需要手动修改，详见梁的手工建模。

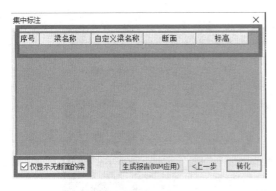

图 12.4.6　仅显示无断面梁　　　　　　　　图 12.4.7　转化

序号	梁名称	自定义梁名称	断面	标高
1	KL1(4)	KL1(4)	300*750	取层高
2	KL2(4)	KL2(4)	300*700	取层高
3	KL3(3A)	KL3(3A)	300*700	取层高
4	KL4(1)	KL4(1)	300*700	取层高
5	KL5(1)	KL5(1)	300*700	取层高
6	KL6(4)	KL6(4)	300*700	取层高
7	KL7(1)	KL7(1)	250*600	取层高
8	KL8(1)	KL8(1)	250*600	取层高
9	KL9(4)	KL9(4)	300*750	取层高

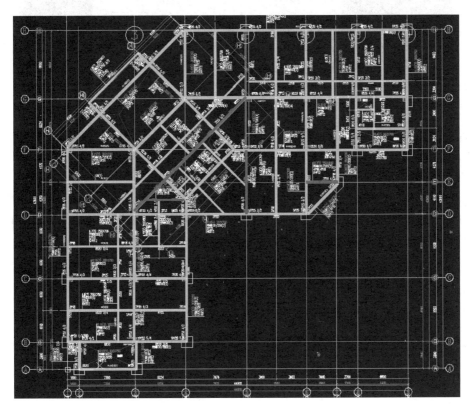

图 12.4.8　梁转化完成

12.5　墙体的转化

视频 12.5

1.墙体转化

单击菜单栏"CAD 转化"命令中"转化墙体"命令,如图 12.5.1 所示。

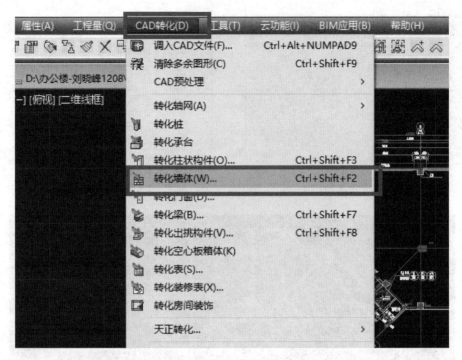

图 12.5.1　选择菜单命令

弹出"转化墙"对话框,"设置形成墙体合并的最大距离"是指在墙体上的窗或门的最大尺寸,可以根据图纸填写,也可以在图中量取最大值,本图纸可以填写距离为 6000mm,如图 12.5.2 所示。

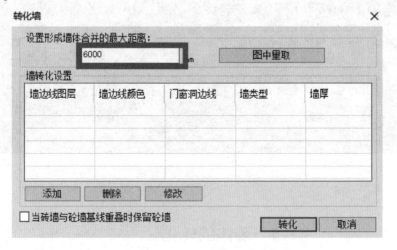

图 12.5.2　"转化墙"对话框

然后单击"添加",弹出"转化墙"对话框,包括边线层、边线颜色、墙厚设置,提取时可知本图纸中内外墙边线是一体的,故将所有墙体转化为外墙,"高级"选项里提取门窗洞口,操作如图 12.5.3 所示。

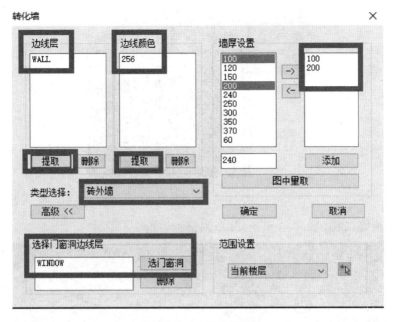

图 12.5.3　转化操作

墙线等基本信息提取完成之后,点击"转化"按钮,如图 12.5.4 所示。

图 12.5.4　点击转化

2.修改墙体

墙体按外墙设置全部转化完成,需对内墙设置进行修改,点击菜单栏"名称更换"命令,如图 12.5.5 所示。

图 12.5.5　名称更换

选中所有内墙,如图 12.5.6 所示,并单击鼠标右键。

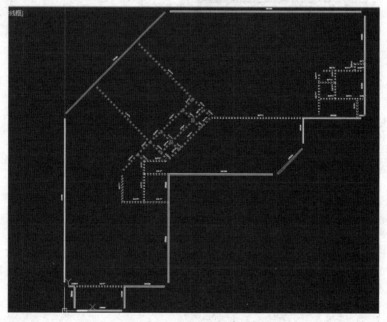

图 12.5.6　选中内墙

弹出如图 12.5.7 所示对话框,"砖内墙"选项卡中没有厚度为 200mm 的内墙,所以要进入属性,如图 12.5.7 所示。

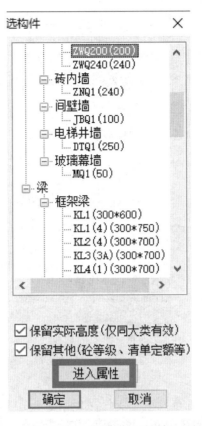

图 12.5.7　"选构件"对话框

在属性定义对话框中选定砖内墙，内墙名称，点击右键修改，墙体厚度改为 200mm，如图 12.5.8 所示。

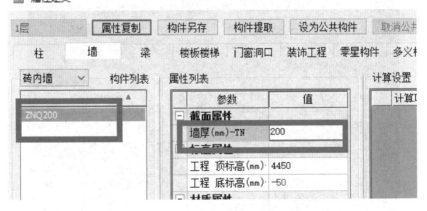

图 12.5.8　砖内墙属性定义

属性设置完成之后关闭，选定 200mm 厚砖内墙，点击"确定"，如图 12.5.9 所示。

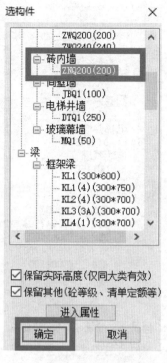

图 12.5.9 选定砖内墙

内墙设置完成后,内外墙颜色发生了变化,如图 12.5.10 所示。

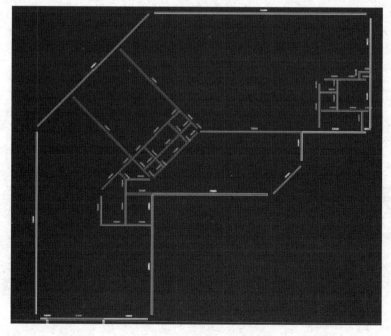

图 12.5.10 内墙设置完成

鼠标左键点击菜单栏"删除"图标██，选中需要删除的墙，单击鼠标右键，完成已经生成的多余墙构件的删除，如图 12.5.11 所示。

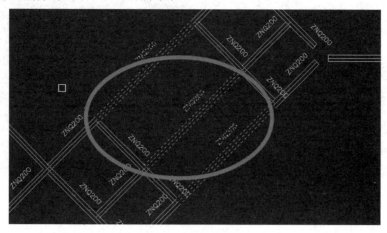

图 12.5.11　删除多余墙构件

生成后的墙体部分没有形成闭合，一些墙体需要拉伸，先使用"构件闭合"命令，对转角处的墙体进行闭合，如图 12.5.12 所示。

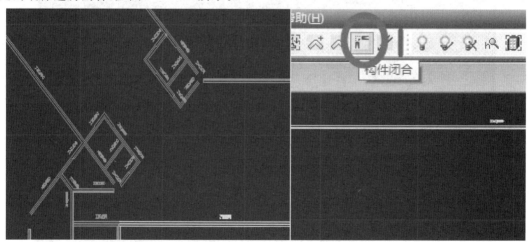

图 12.5.12　构件闭合

再使用"构件伸缩"命令，对需要拉伸的墙体进行拉伸，如图 12.5.13 所示。

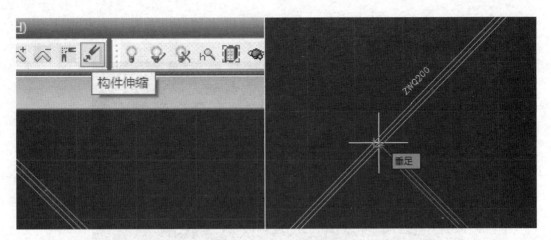

图 12.5.13　构件拉伸

修改后的墙平面图如图 12.5.14 所示，三维视图如图 12.5.15 所示。

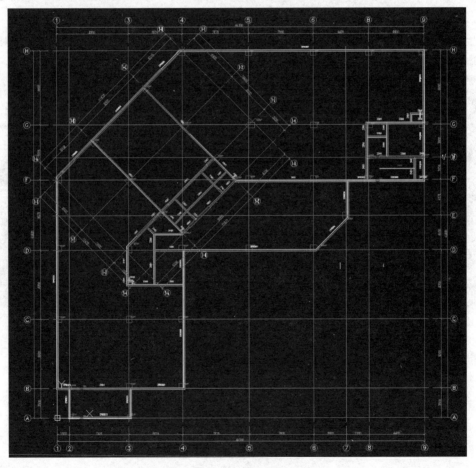

图 12.5.14　修改后的墙平面图

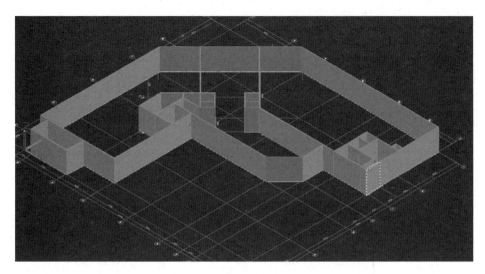

图 12.5.15　墙三维视图

视频 12.6

12.6　门窗的转化

1.转化门窗表

将 A 办公楼建筑详图图纸中的门窗表粘贴到鲁班软件中,单击菜单栏"CAD 转化"命令中的"转化表",如图 12.6.1 所示,自动弹出如图 12.6.2 所示对话框,鼠标点击"框选提取",返回鲁班软件界面,鼠标左键框选门窗统计表中类别、门窗编号、洞口尺寸的信息,单击鼠标左键,自动弹出"转化表"对话框,如图 12.6.3所示,单击"转化",完成门窗的转化。

为了避免重复转化,双击对话框空白部分,进入到属性定义对话框,点击 1 层门构件,选中全部门类型,单击"设为公共构件",如图 12.6.4 所示。

之后再进入其他层进行查看,可以发现设为公共构件的门在其他层全部出现了,如图 12.6.5 所示。

由于设置为公共构件的门窗是无法进行修改的,所以之后我们选中所有门再对其取消公共构件,如图 12.6.6 所示。根据需要自行对窗重复以上操作,设置为公共构件并取消公共构件。

图 12.6.1　单击"转化表"命令

图 12.6.2 "转化表"对话框

图 12.6.3 转化

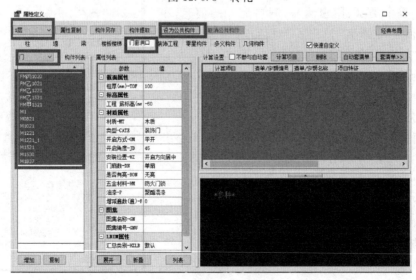

图 12.6.4 设为公共构件

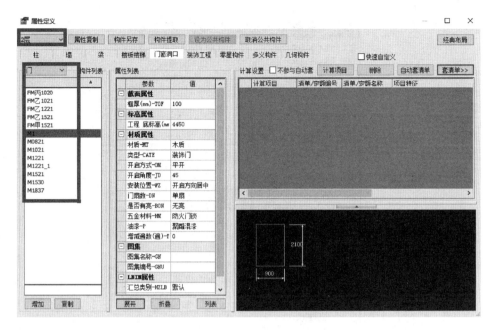

图 12.6.5　查看其他层

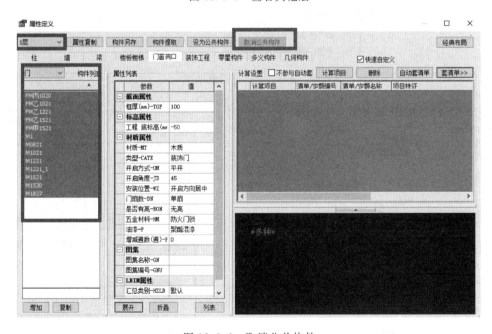

图 12.6.6　取消公共构件

2. 转化门窗

单击菜单栏"CAD 转化"命令中"转化门窗",如图 12.6.7 所示。

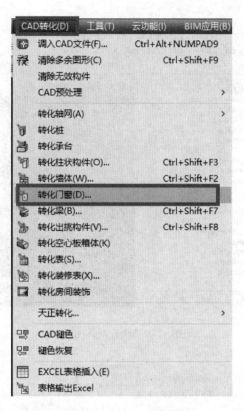

图 12.6.7 转化门窗命令

提取门窗边线层,提取门窗标注层,单击"转化",如图 12.6.8 和图 12.6.9 所示。

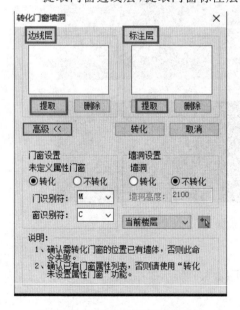

图 12.6.8 提取边线层和标注层

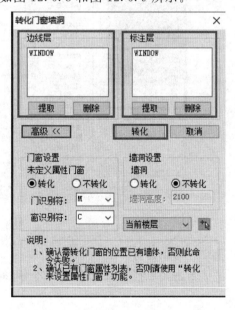

图 12.6.9 转化

3.编辑门窗

在构件显示控制栏中,只显示鲁班构件门窗,CAD 只显示墙、窗、窗名图层,如图 12.6.10、图 12.6.11 所示。

图 12.6.10 构件显示控制   图 12.6.11 CAD 显示控制

首先通过分析图纸明确门的底标高为 0,窗的底标高为 200mm,百叶窗的底标高为 1700mm。在门的属性定义列表中,Ctrl+A 选中所有门,更改底标高,如图 12.6.12 所示。对每一种属性进行检查,确保正确。同样的方法更改窗底标高,如图 12.6.13 所示。

 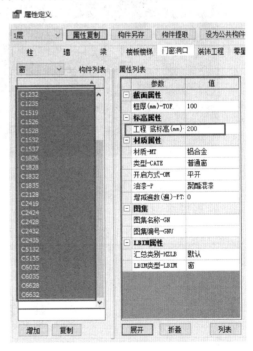

图 12.6.12 更改门的底标高   图 12.6.13 更改窗的底标高

检查过程中会发现部分门窗未绘制或者有门型号错误,如图 12.6.14 所示,门窗类型错误可以通过名称更换进行修改。

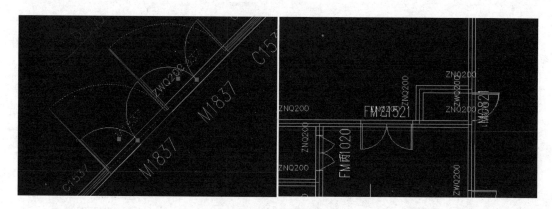

图 12.6.14　检查错误

门窗位置错误的可通过移动命令移动门窗位置,未出现门窗的位置,应选择正确的门类型布门,选择正确的窗类型布窗,具体详见任务 7 门窗建模。

完成门窗绘制和编辑后,三维效果如图 12.6.15 所示。

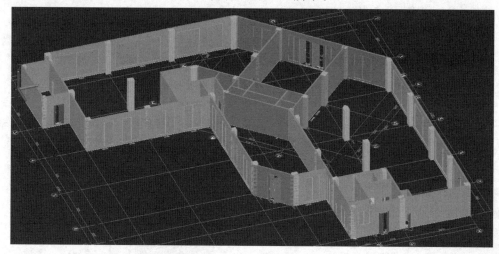

图 12.6.15　门窗三维效果

特别提示

门窗建模过程中可以不用考虑门窗的开启方向(不影响算量),若为了美观,也可调整开启方向,方法详见任务 7 门窗建模。

12.7　桩、承台的转化

视频 12.7

1.桩转化

将楼层切换到 0 层,0 层是软件默认基础构建所在的位置。将桩定位平面布置图带基点复制到鲁班软件,图纸中桩的类型有三种,单击菜单栏"CAD 转化",选择"转化桩"命令,

如图 12.7.1 所示。弹出对话框如图 12.7.2 所示,先点击提取边线层,返回鲁班绘图界面,
鼠标左键选择管桩边线,随后桩边线消失,鼠标右键确认,弹出对话框如图 12.7.3 所示,点
击提取标注层,返回鲁班绘图界面,鼠标左键选择管桩的标注尺寸、名称以及引线,随后标注
消失,弹出对话框如图 12.7.4 所示,点击"确定"即可完成桩的转化。

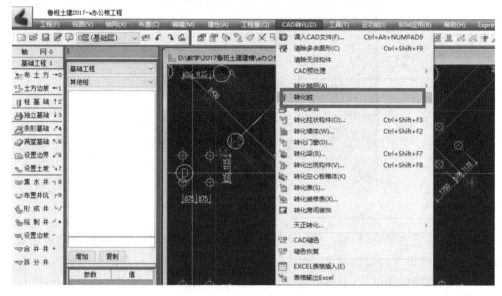

图 12.7.1　选择"转化桩"命令

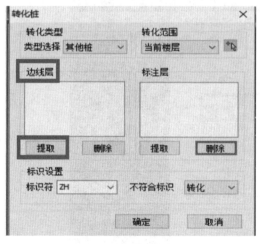

图 12.7.2　"转化桩"对话框

图 12.7.3　提取标注层

　　桩转化后要对局部桩的标高进行调整,单击菜单栏"高度调整"命令图标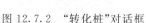,选中要调
整高度的桩,弹出对话框后,将"高度随属性"勾选去掉,标高按图纸进行修改,参见手工建模
的高度调整。

2. 承台转化

单击菜单栏"CAD 转化",选择"转化承台"命令,如图 12.7.5 所示。弹出对话框,转化

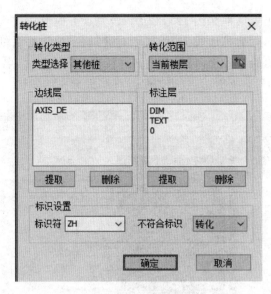

图 12.7.4 完成转化

承台类型为柱状独立基础,提取边线层和标注层,先点击提取边线层,鼠标左键点击提取承台的轮廓边线,随后承台边线消失,鼠标右键确认,弹出对话框,再点击提取标注层,鼠标左键点击提取承台的标注尺寸、名称以及引线,标注相关信息消失,弹出对话框如图 12.7.6 所示,点击"转化"即可完成承台的转化。

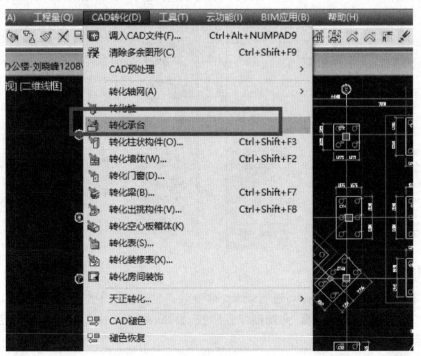

图 12.7.5 选择"转化承台"命令

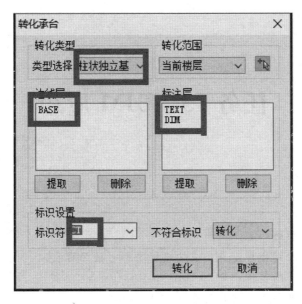

图 12.7.6 "转化承台"对话框

承台转化后要对局部承台的顶标高进行调整,单击菜单栏"高度调整"命令图标 $\underline{\mathbb{H}}$,选中要调整高度的承台,弹出对话框后,将"高度随属性"勾选去掉,标高按图纸进行修改,参见手工建模的高度调整,如图 12.7.7 所示。

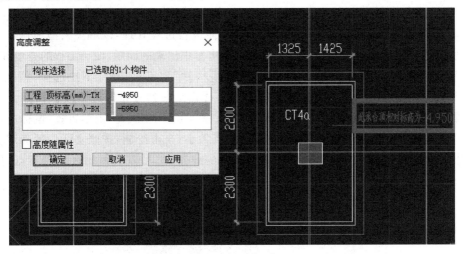

图 12.7.7 调整顶标高

任务 13　BIM 应用

【学习目标】

1. 会初步利用模型进行施工段划分；

2. 会利用模型进行梁板柱节点生成并统计高标号砼工程量；

3. 能查找高大支模的范围；

4. 能进行楼层净高和洞梁间距的检查；

5. 能初步根据施工的需求生成相关的图纸。

13.1　土建施工段

工程分区施工时，需要统计各分区工程量从而进行过程管理，以解决大型项目在分段投标、分段施工、分段计算、分段显示控制、分区报表出量中出现的问题，便于工程的查量和核算。

布置施工段：在属性工具栏中下拉选择"零星构件"，"零星构件"下拉选择"施工段 1"，根据需要定义相应的施工段。点击【BIM 应用】—【施工段】—【布置施工段】，软件会自动弹出"布置施工段方式"对话框，有四种布置方法，如图 13.1.1 所示。矩形布置：鼠标左击确定一点，再点击另一对角点形成矩形，来确定位置及大小；自由绘制：按照实际位置确定各个边界点，依次绘制；点选生成：首先选择隐藏不需要的线条，然后点击封闭区域内某点，按封闭区域自动边线生成。根据需要选择布置方式，确定即可完成施工段的布置。

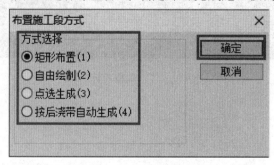

图 13.1.1　布置施工段方式

施工顺序：点击【BIM 应用】—【施工段】—【施工顺序】，点击施工顺序，软件会自动弹出

"施工顺序"对话框,如图 13.1.2 所示。通过上移下移设置不同的施工段,按照施工要求分别对施工顺序进行调整,调整完成点击"确定"。

指定分区:点击【BIM 应用】—【施工段】—【指定分区】,命令行提示:"选择欲指定分区的构件";选择构件后,命令行会提示:"选择指定的施工段【恢复默认分区－R】",软件会出现"指定构件分段"对话框,选择可选的项目作为分区的构件,如图 13.1.3 所示。通过选择相应计算项目左移右移取消或选中相应计算项目,点击"确定"后提示成功。

设置类型:点击【BIM 应用】—【施工段】—【设置类型】,弹出"类别"对话框,点击"⋯"按钮可以对类别进行新建或删除等操作,对于新建的类别选择好相应计算项目后点击"确定"完成操作,如图 13.1.4 所示。设置好类型后,进入施工段属性定义界面,选择设置类型的构件,如图 13.1.5 所示。选择好类别后,即可计算该施工段所属类别下的计算项目。

图 13.1.2 "施工顺序"对话框

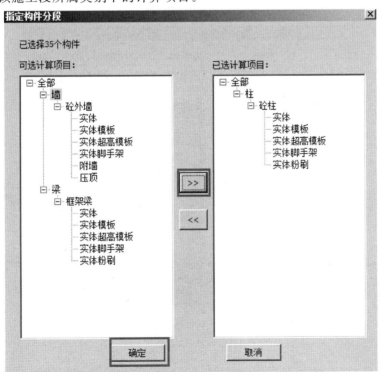

图 13.1.3 "指定构件分段"对话框

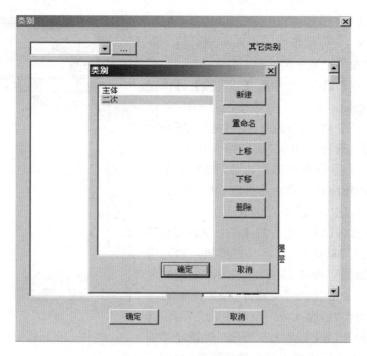

图 13.1.4 "类别"对话框

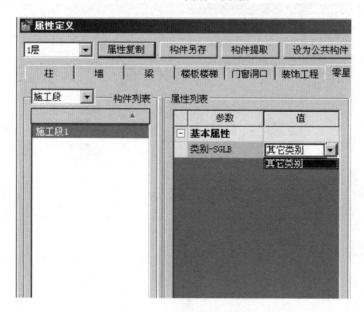

图 13.1.5 属性定义界面

13.2　柱梁板节点分割

现行国家规范《混凝土结构工程施工规范》(GB50666－2011)中的 8.8.3.8 条有相应的规定:工程中当柱、墙砼等级比梁、板砼等级高两级及以上时,应在交界区域采取分隔措施,分隔位置应在低等级的构件中,且距高强度等级构件边缘不应小于 500mm＋h/2(h 为梁高)。应用 BIM 技术可将梁高标号的混凝土进行汇总统计分析,用于生产计划和内部成本测算。

点击【BIM 应用】—【节点生成】—【梁柱节点】,软件会自动弹出"外扩距离"对话框,如图 13.2.1 所示,输入相关参数,一般按照默认参数。框选所有柱子,此时支持 Tab 键切换"添加"与"移除",S 键选择同名称构件,F 键使用过滤器,右键确认即可完成,此时沿柱子周围生成后浇带。利用后浇带的功能将梁靠近柱子部分高标号的砼统计,选择零星构件中对应的主体后浇带套取清单和定额,工程量计算,即可查看砼工程量。

点击【BIM 应用】—【节点生成】—【梁板节点】,软件自动弹出"外扩距离"对话框,如图 13.2.2 所示,输入相关参数,一般按照默认参数,框选所有梁,右键确认沿梁两侧生成后浇带,统计方法与柱类似。

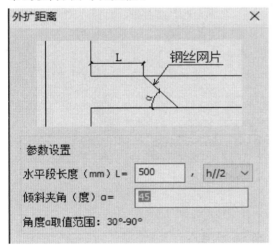

图 13.2.1　"外扩距离"对话框(一)

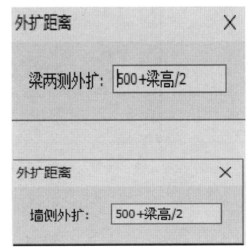

图 13.2.2　"外扩距离"对话框(二)

点击【BIM 应用】—【节点生成】—【梁墙节点】,软件自动弹出"外扩距离"对话框,如图 13.2.2 所示,输入相关参数,一般按照默认参数,框选所有墙和梁,右键确认,此时沿墙外侧生成后浇带,统计方法与柱类似。

13.3 高大支模的查找

高大支模的排查是安全员质量工作中重要的环节,传统的方法是依靠人工逐个排查高大支模的位置,删选查找效率低下,且容易出现遗漏,若施工后才发现会留下很大的安全隐患。BIM后台中内置了很多行业内的规范,如,梁截面、跨度大于多少,板底高度大于多少,通过快速检索能够高效查找高大支模的部位。

点击【BIM应用】—【高大支模查找】,软件会自动弹出"查找高大支模"对话框,如图13.3.1所示。设置查找条件和查找楼层,点击"查找",就可以查找到符合条件的每处支模,并能够快速直观地进行定位,可知具体的部位;也可通过整体楼层的查看,进行三维整体直观的查看;还可以直接生成报告,可生成 Word 版本的报告。

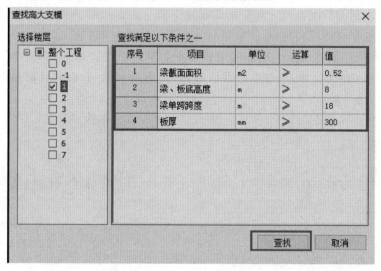

图 13.3.1 "查找高大支模"对话框

13.4 结构净高检查

为了避免施工中出现结构净高不满足要求出现返工的现象,要做好事前的控制,在模型完成后、施工前可以采用净高检查来解决。

点击【BIM应用】—【净高检查】,软件会自动弹出"构件净高检查"对话框,如图13.4.1所示。勾选需要检查的相关楼层,开始检查,软件会根据梁、板支模高度、构件厚度,快速查找出构件并定位到构件具体的位置,查找以后软件会弹出查找的结果,检查结果净高小于2.2m 的共有 6 个,如图 13.4.2 所示。可查看三维图,也可直接快速定位,查看工程量。

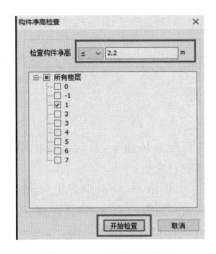

图 13.4.1　构件净高检查

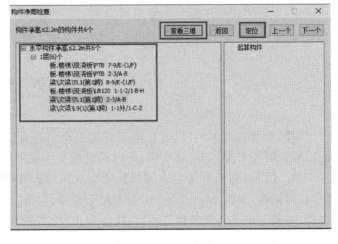

图 13.4.2　检查结果

13.5　洞梁间距检查

在结构设计说明中要求,门窗洞口顶到过梁底小于过梁高度时,可以采用圈梁代过梁或者框架梁与过梁整浇的方法处理。但在实际施工过程中,由于主体结构和二次结构施工顺序的原因,施工单位往往很难发现洞梁间距过小的问题,施工中再处理就会导致施工达不到设计要求的问题。鲁班土建建模中洞梁间距检查的功能能解决这一困难,能够根据 BIM 模型定义好洞梁间距的数值,检查出不满足要求的门窗洞口位置,协助施工单位及时发现问题。

点击【BIM 应用】—【洞梁间距】,软件会自动弹出"洞梁间距检查"对话框,如图 13.5.1所示。输入检查间距的数值,可根据需求合理选择,以 A 办公楼的最小过梁高度为例,输入0.12m,点击"开始检查",软件自动弹出洞梁间距检查结果,通过检查可以明确洞梁间距小于等于 120mm 的构件有 10 个,可以明确其门窗洞口的名称和所在的轴线位置,如图13.5.2所示。点击某一个可以查看三维图,也可以定位,可以查到门窗所在图上的具体位

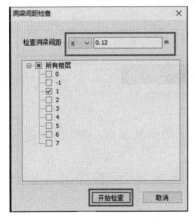

图 13.5.1　洞梁间距检查

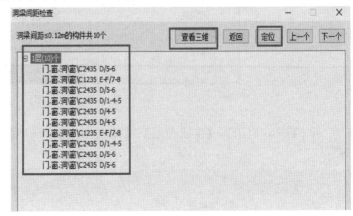

图 13.5.2　检查结果

置,由此可以明确该窗洞上不能设置过梁。此方法相对检查 CAD 图或蓝图可较大地提高效率。

13.6　生成土建平剖面图

BIM 模型完成后,可以通过模型对施工班组进行交底并指导现场施工,目前现场使用的图纸一般为 CAD 的二维图纸,可以通过模型生成平剖面图进行交底。

点击【BIM 应用】—【生成图纸】—【绘制剖面】,如图 13.6.1 所示,软件自动弹出"绘制剖面"对话框,如图 13.6.2 所示,输入剖面编号,勾选"自动生成剖面图",先指定剖切起点和终点,再确定剖切的方向和范围后,软件弹出"生成剖面图"对话框,如图 13.6.3 所示,点击"生成",即可完成剖面图。可对细部进行进一步的标注,用于指导现场的施工。同样也可以生成平面图、土方开挖图、板洞编号图、墙洞编号图、板顶标高图等。

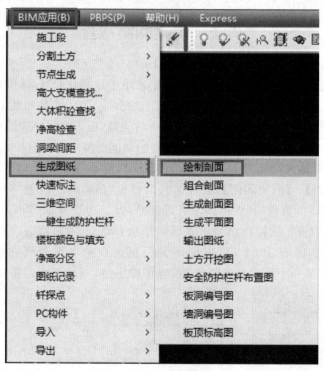

图 13.6.1　绘制剖面命令

点击【BIM 应用】—【生成图纸】—【输出图纸】,可以对生成的图纸输出 CAD 图纸进行保存。

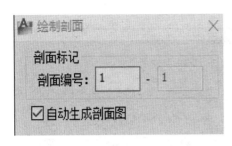

图 13.6.2 "绘制剖面"对话框

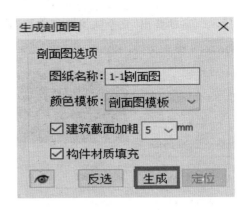

图 13.6.3 "生成剖面图"对话框

13.7 自动生成防护栏杆

洞口临边的防护栏杆不被重视,导致安全事故频繁发生,利用鲁班 BIM 软件能够在洞口临边处自动生成防护栏杆,提前发现安全隐患,并且可以提早提供防护栏杆的用量,辅助现场进行安全管理。

点击【BIM 应用】-【一键生成防护栏杆】,软件自动弹出对话框,如图 13.7.1 所示,左侧选择制定楼层或全部楼层批量生成,右侧选择不同位置栏杆的参数,设置完成后点击"生成",自动完成防护栏杆生成,可进行三维查看。

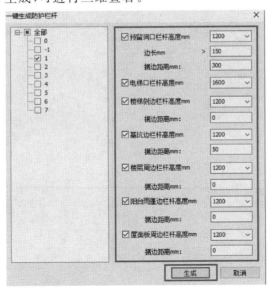

图 13.7.1 "一键生成防护栏杆"对话框

为了给现场施工安全人员直观的提示,避免因忽略防护栏杆而导致的安全事故,可生成防护栏杆布置图。点击【BIM 应用】-【生成图纸】-【安全防护栏杆布置图】,如图 13.7.2

所示。自动弹出"安全防护栏杆布置图"对话框,如图 13.7.3 所示,点击"生成"。

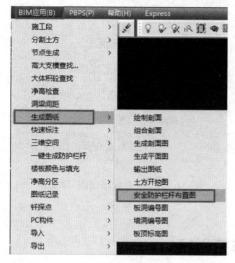

图 13.7.2　菜单命令选择

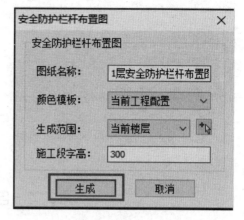

图 13.7.3　"安全防护栏杆布置图"对话框

任务 14 云功能

【学习目标】

1. 能初步对已建的云模型进行检查并处理模型错误点；
2. 能对云指标库进行上传、对比、管理和共享；
3. 能初步自动套取清单定额。

鲁班软件云功能是鲁班软件向用户提供可自由选择是否使用的增值应用，是基于互联网的功能，是算量软件的有力助手，可以帮助提高工作效率，创造更大的价值。

14.1 云模型检查

云模型检查是专家型、智能型检查，集中了专家的数据和经验制定出的规则库，并结合规范、图集进行快速检查。

点击菜单栏中【云功能】—【云模型检查】，自动弹出"云模型检查"对话框，检查范围包括5项：砼等级合理性、属性合理性、建模遗漏、建模合理性以及计算结果合理性；检查范围分三大类：当前层、全工程及自定义，如图 14.1.1 所示。

砼等级合理性包括单构件砼等级和高低楼层间的楼层砼等级的合理性；属性合理性包括构件属性、构件尺寸和计算规则的合理性；建模遗漏帮助核对工程中构件遗漏造成漏算少算，易发生在二次结构、零星构件，如构造柱、房间无门窗、无墙圈梁等；建模合理性帮助检查构件建模是否正确、合理，避免建模错误引发的计算问题，如未封闭墙体、无效装饰等。

以 1 层柱为例，选择检查的楼层、构件，开始检查，如图 14.1.2 所示。检查结果如图14.1.3 所示，查看确定错误后弹出界面如图 14.1.4 所示，可以确定错误所在的楼层、错误数量、错误的类型，选择明确具体错误的项目，可对其查找定位，如 KZ1* 超高未套取超高项目，点击"定位"可定位到 KZ1* 的属性定义中，可对其修改完善。

图 14.1.1 "云模型检查"对话框

图 14.1.2 选择检查范围

图 14.1.3 检查结果

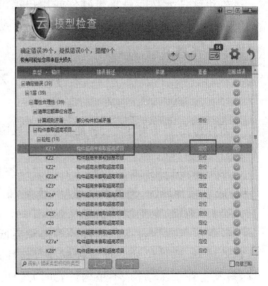

图 14.1.4 定位构件

特别提示

当前云功能检查的模板按照全国的通用模板,也可按照实际来修改或新建模板。

14.2 云指标库

鼠标点击【云功能】—【云指标库】,可以进行工程量指标的上传、对比、管理和共享。

点击云功能下的云指标库,弹出云指标库的界面,如图 14.2.1 所示,点击"上传指标"可以上传当前工程和上传其他工程。上传当前工程就是上传软件正在画或者画好的工程,上传其他工程是指可以上传存在本地的工程到云指标库里面。

图 14.2.1　云指标库界面

上传后的指标会出现在"我的指标库"里。用户可以点击标签管理方式,通过用户配置,对指标进行分组管理,如图 14.2.2 所示。上传后可以根据自己的需要进行指标的查看、编辑和删除。

图 14.2.2　指标分组管理

　　对比指标:选择要相互对比的工程,点击"加入对比",再点击"对比指标"按钮,会出现选择"指标对比"对话框,选择好后点击"确定",开始对比数据,如图 14.2.3 所示。

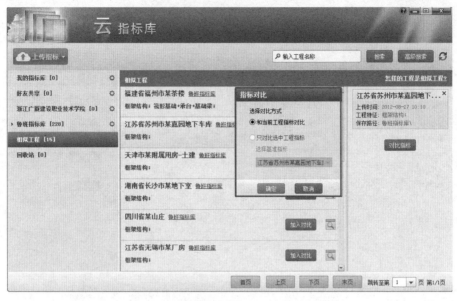

图 14.2.3　指标对比

　　共享指标:点击　　按钮,进入共享设置,如图 14.2.4 所示,可以输入鲁班通行证添加到自己的联系人,然后双击已增加的联系人,加入到右边空白处进行共享,最后按下"确定"即可。

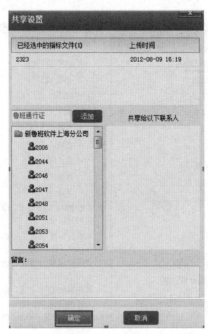

图 14.2.4　共享设置

14.3　自动套取清单及定额

　　点击菜单栏中【云功能】—【自动套】,可根据软件弹出的提示框进行自动套取清单及定额。首先鼠标左键点击"自动套"命令,软件弹出可供选择的自动套地区定额,如图 14.3.1 所示;其次选择用户需要的地区定额后,点击"下一步",软件弹出对话框,用户可根据需要,选择需要自动套取的构件,如图 14.3.2 所示;最后对需要自动套取清单定额的构件选择及修改后,点击"下一步",软件弹出选择楼层及构件的提示,用户可根据需要对楼层及构件进行勾选,如图 14.3.3 所示;选择后即可点击"完成",软件再次提示是否确认自动套取定额,点击"是"后,软件自动对选择的楼层构件进行套取清单及定额。

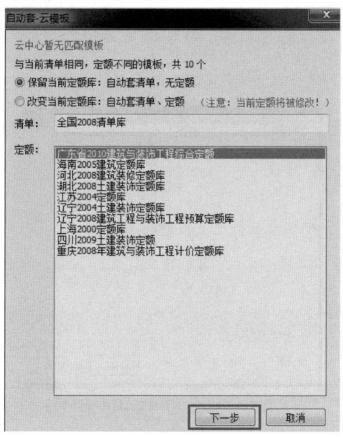

图 14.3.1　自动套地区定额

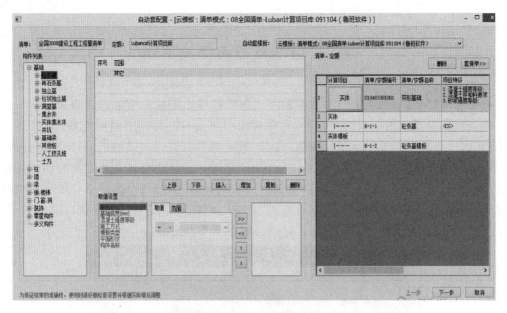

图 14.3.2　自动套配置

图 14.3.3　选择楼层及构件

14.4　检查更新

检查更新云功能未绑定也可以实现检查更新，鼠标点击菜单栏中【云功能】—【检查更新】，软件自动搜寻是否有新版本更新，直接点击"开始升级"，如图 14.4.1 所示。根据自己的需要来确定是否需要更新升级。

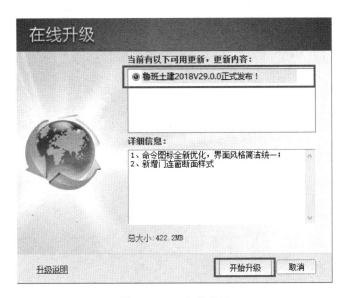

图 14.4.1　在线升级

全书建筑施工图和结构施工图由以下二维码地址下载。

本书图纸